INICIACIÓN AL ANÁLISIS QUÍMICO

(General, clínico, alimentos y forense)

INICIACIÓN AL ANÁLISIS QUÍMICO

(General, clínico, alimentos y forense)

■

BALBINO-ÁNGEL BAQUERO GUERRERO

Editorial ACRIBIA, S.A.
ZARAGOZA (España)

INICIACIÓN AL ANÁLISIS QUÍMICO (General, clínico, alimentos y forense)

Autor: Balbino-Ángel Baquero Guerrero

Fotos e ilustraciones del archivo del autor excepto las de fuentes citadas

Maquetación: Roberto Menéndez González
Diseminando Diseño Editorial

ISBN: 978-84-200-1316-9

www.editorialacribia.com

Depósito legal: Z- 2129/2023   Editorial ACRIBIA, S.A.- José Sancho Arroyo, 13 - 50002 Zaragoza (España)

Imprime: masquelibros, S.L.   2024

Advertencia del autor

Todos hemos leído alguna vez, más o menos, eso de que *este libro viene a cubrir un hueco...* frase que, en mi opinión, en este caso se acerca bastante a la realidad, porque no creo que exista mucha literatura sobre iniciación al análisis químico dedicada a alumnos de bachillerato, a los cuales se reserva una cuota de prácticas que decidirá el profesor, adecuadas a sus conocimientos y que podrá significar su incorporación al estudio de la química analítica aunque, también, el texto contiene material válido para su adaptabilidad a diferentes niveles de enseñanza (formación profesional, universidad y otras docencias, praxis y ensayos), según las necesidades y circunstancias del profesor que lo podrá perfilar adecuándolo a sus objetivos.

El programa del texto incluye cuatro apartados: general (cualitativo y cuantitativo), clínico, alimentos y forense, que se inician cada uno de ellos con una información, a la vez concisa y ajustada, sobre el capítulo a investigar que –no hace falta decirlo– podrá ser ampliado o reducido por el responsable del laboratorio.

Como se observará, algunas de las prácticas, las cuales se citan en uno de los apartados de *normas de trabajo en el laboratorio*, presentan inviabilidad de realización ya que se trata de investigaciones para personal autorizado y laboratorios acreditados, cuya inclusión en el texto, como se especifica en el enunciado de las mismas, se debe solamente a su carácter informativo.

Decía Einstein que *la teoría es cuando se sabe todo y nada funciona y la práctica es cuando todo funciona y nadie sabe por qué...* mientras que Cicerón, más contemporizador, afirmaba *no basta con alcanzar la sabiduría, es preciso saber usar de ella*, en este caso en el laboratorio.

Antes de iniciarse en la realización de los contenidos, se tendrán que tomar las medidas y precauciones necesarias, además de la observación de las normas y legislaciones que se incluyen a continuación. Ni la editorial ni el autor asumen ninguna responsabilidad por perjuicios derivados de la interpretación del material de este texto y de la aplicación que se hace del mismo. Se entiende que el profesor o encargado del laboratorio o quien, por su cuenta, haga uso del contenido de este manual, está capacitado y ha tomado las medidas y precauciones necesarias –además de las legalmente establecidas– para la realización de las experiencias propuestas y también de la utilización que se hace de la información incluida en el texto.

Oscar Wilde opinó acerca de la poca aceptación de una de sus obras teatrales en el día de su estreno: *Mi obra ha sido un éxito, el público un fracaso*, espero no tener que echar mano del comentario del ingenioso autor irlandés para justificar la parca aceptación de mi trabajo.

Balbino Baquero

Índice de contenido

Normas de trabajo en el laboratorio

1. Noción suficiente del nombre, función y propiedades del material y reactivos utilizados en el laboratorio.
2. Antes de iniciar un experimento hay que saber perfectamente lo que se va a hacer y cómo, para lo cual hay que tener en cuenta toda la información que incluye el guion completo de la práctica.
3. A la hora de experimentar hay que ser cuidadoso y trabajar con orden y pulcritud.
4. La mesa de trabajo ha de estar limpia.
5. El material que se vaya a utilizar debe encontrarse en perfectas condiciones.
6. Antes de comenzar la experiencia se colocará en la mesa el material necesario y al terminarla se retornará a su sitio.
7. No se deben utilizar cantidades diferentes a las indicadas.
8. No tocar los productos químicos con las manos ni llevárselas a los ojos, boca o nariz. No acercar el producto, frasco o recipiente directamente a la nariz.
9. Los grifos estarán abiertos sólo cuando sea necesario.
10. Manipular con precaución y cuidado los reactivos y material del laboratorio.
11. Para calentar tubos de ensayo, deberán ser resistentes al calor, teniendo cuidado de mover el tubo suave y continuamente –sujeto con una pinza de tubo de ensayo– para que la llama no se localice en una sección del mismo. Tubos de ensayo de vidrio Pyrex, etc.
12. En todos experimentos, hay que tener cuidado de dirigir la boca del tubo de ensayo, vaso de precipitados, frasco o recipiente fuera del campo de visión del personal presente en el laboratorio.
13. Utilizar con cautela los sistemas de calentamiento (mecheros de laboratorio, mantas calefactoras, fogones de laboratorio, etc) procurando vigilar con mucho cuidado los procesos de calentamiento para evitar salpicaduras, quemaduras y accidentes. Poner la debida atención en cuanto a la aparición de llamas en el laboratorio controlando siempre, con las adecuadas medidas, los focos detectados.
14. Las reacciones con desprendimiento de gases, se realizarán en una vitrina (campana) de gases que tenga buena extracción de los mismos. Ciertas experiencias requieren cabina de laboratorio.
15. Por normativa de seguridad, se utilizarán gafas de protección, pantalla facial, batas, guantes y demás indumentaria y elementos adecuados de protección.
16. El responsable y usuario del laboratorio deberá conocer las propiedades, pictogramas, peligrosidad y riesgos de los reactivos que va a utilizar y, también, las peculiaridades de las reacciones y procesos químicos que va a realizar y de los procesos intermedios, para lo cual antes de iniciar la práctica hay que revisar la información y pictogramas de las etiquetas de las botellas y recipientes que contienen los reactivos e indicadores de color y analíticos, consultando la bibliografía complementaria si la situación lo requiriese.
17. Siempre es el ácido el que se debe echar, con las debidas precauciones, sobre el agua. El éter etílico (también se suele llamar simplemente éter o éter dietílico) es un líquido muy volátil (P.E.34,6°C), extremadamente inflamable y explosivo. Hay que trabajar en vitrina extractora de gases, adoptando las debidas precauciones.

   Como medida de seguridad, el cloroformo que se utilice deberá ser cloroformo estabilizado para evitar que, expuesto al aire, se oxide y se descomponga en fosgeno (gas muy venenoso) y cloruro de hidrógeno.

18. En las experiencias sobre procesos o reacciones de combustión de apariencia ostentosa, ruidosa o violenta, hay que poner especial cuidado de tomar todas las precauciones establecidas, utilizando las cantidades determinadas en el guion de la práctica, observar los consejos del profesor y siempre manejando pequeñas dosis de reactivos.

19. Si la práctica no sale bien se repite sin desanimarse.

20. Es fundamental conocer el emplazamiento del material de seguridad, extintores, botiquín y primeros auxilios.

21. El profesor indicará los contenedores correspondientes donde acumular los distintos tipos de residuos generados. Lavarse bien las manos al terminar y dejar el laboratorio en perfecto orden.

    No devolver los reactivos sobrantes a sus respectivos frascos aunque no hayan sido utilizados (se depositarán en el contenedor indicado) y procurar no desplazarse con ellos por el laboratorio.

22. El profesor propondrá cómo recoger, recuperar o eliminar los residuos y reactivos sobrantes.

23. Abstenerse de perpetrar ensayos, investigaciones o manipulación personal, sin consultar con el responsable del laboratorio.

24. Como ya se indica en el prólogo, algunas prácticas: creatinina y acetona, cobre en agua potable, incendios, explosivos, ADN, fentanilo, investigación del crimen (luminol, cianuros, ninhidrina, arsénico, activación de neutrones, autopsia, literatura policiaca…) solo se podrán realizar en un laboratorio acreditado, convenientemente dotado y por personal autorizado. Su inclusión en este texto solo tiene carácter informativo, como se especifica en el enunciado de las mismas.

25. Procurar adquirir el material y reactivos en establecimientos especializados para garantizar la calidad y seguridad de los mismos.

26. Aunque a lo largo del texto se incluye la composición de ciertos reactivos (Fouchet, Mandelin, Marquis y otros) se hace a título informativo ya que, por seguridad, comodidad y ahorro de tiempo, se deben adquirir en establecimientos especializados.

27. Al final de cada práctica, se incluyen **Actividades** para su realización, **Cuestiones** para su resolución o **Conclusiones** que se deberán reseñar sobre la práctica realizada.

Legislación sobre sustancias químicas peligrosas

Por aplicación del Real Decreto 363/1985 (BOE de 5-6-85) con sus adaptaciones y ulteriores ampliaciones y actualizaciones, se ratificó el **Reglamento sobre Notificación de Sustancias Nuevas y Clasificación, Envasado y Etiquetado de Sustancias Peligrosas**, que informan con precisión sobre el riesgo de accidente que implica la utilización de cada sustancia.

El Real Decreto 1078/1993 (BOE de 9-9-93) establece el **Reglamento sobre Clasificación, Envasado, y Etiquetado de Preparados Peligrosos** que adjunta una supervisión orientativa para etiquetado adecuado y obligatorio de todo producto químico o **preparado** (producto químico que contiene varios componentes) catalogados peligrosos.

Las disposiciones legales - 67/548 y 88/379 fueron determinadas por la CEE (Comunidad Económica Europea, 7/6/88) –para los estados miembros– sobre clasificación envasado y etiquetado de preparados peligrosos con sus correspondientes cambios y adaptaciones al nuevo progreso tecnológico.

Como resultado, las sustancias, preparados y reactivos presentan obligatoriamente en la etiqueta del envase uno o más pictogramas junto a los correspondientes números e informes sobre riesgos específicos, indicaciones sobre prudencia y medidas aplicadas en el manejo y manipulación de sustancias y preparados peligrosos.

Con la constante aparición de nuevas sustancias, reactivos químicos y química fina, se creó el **Sistema Globalmente Armonizado de Clasificación y Etiquetado de productos químicos, SGA (GHS en inglés)** para el control de la infraestructura sobre medidas de seguridad y que se encargara de establecer criterios armonizados para clasificar sustancias y mezclas con respecto a sus peligros físicos, para la salud y el medioambiente, incluyendo normativas sobre etiquetas, pictogramas y fichas de seguridad.

1.

ANÁLISIS QUÍMICO

Introducción

El alumno no solo debe practicar siguiendo más o menos
fielmente un procedimiento operatorio, sino que debe
conocer la causa química de cada operación y proceso,
para acostumbrarse a discurrir químicamente

Análisis cualitativo de iones inorgánicos
Siro Arribas Jimeno

La Química Analítica estudia los métodos y estrategias (normas y técnicas) de reconocimiento y determinación de la composición química de una sustancia (Química Analítica Cualitativa) como en cantidad (Química Analítica Cuantitativa). Se conoce como **análisis químico** a la compilación de tecnologías aplicadas en este tipo de investigaciones.

Se denomina **analito** a una especie química cuya presencia y cantidad se pretende establecer por un proceso químico, esto es, llamaremos analito a la fracción de la muestra cuya naturaleza queremos investigar, como la identificación y cantidad de silicio que contiene un fragmento de cemento. El analito puede ser un elemento, ion o compuesto y puede clasificarse como inorgánico, orgánico o bioquímico.

El análisis químico tiene una importancia fundamental en disciplinas como medicina, antropología, botánica, arqueología, ingeniería, geología, ciencia forense, farmacología, biogenética, y biología molecular entre otras.

Los métodos utilizados en el análisis químico para el reconocimiento de sustancias se clasifican:

- Reacciones con formación de precipitado o de un producto coloreado o también, podría ser, desprendimiento de gases y olores.
- Técnicas instrumentales, que vamos a definir y que volveremos a retomar en el desarrollo del texto.

Cromatografía. Conjunto de técnicas o métodos para el análisis o separación de una mezcla de componentes en disolución que tiene su fundamento en las diferentes velocidades de desplazamiento de dichos componentes a través de una sustancia (fase estacionaria).

Definiremos brevemente algún tipo de cromatografía:

a. *cromatografía de papel*: la fase estacionaria es un papel absorbente y la fase móvil (solución) se mueve por *capilaridad* (cualidad de los líquidos para moverse por una superficie dando lugar a que un líquido en contacto con un sólido suba o baje según la fuerza de cohesión entre las moléculas de líquido y la fuerza de adhesión entre las moléculas del líquido y sólido).

b. *cromatografía de capa fina* (CCF): la fase estacionaria son láminas finas de material muy adsorbente. (Ver prácticas de Cromatografías).

c. *cromatografía de* gases (GC): separa los compuestos según su punto de ebullición y su polaridad, por esta razón, la cromatografía de gases es la más adecuada para investigar líquidos volátiles. En un cromatograma (registro de cromatografía) se representan los datos de las sustancias analizadas.

d. *cromatografía de gases-espectrometría de masas* (GC-MS), sistema más avanzado que el anterior ya que, además del tiempo de retención, también proporciona la masa molecular <1.000, a una temperatura de trabajo igual o menor a 400°C.

   • Tiempo de retención de un compuesto es una propiedad referente del mismo y se determina por el tiempo transcurrido en su elución de la columna cromatográfica.
   • Elución: proceso de extraer un material de otro lavando con un disolvente (solvente).

e. *cromatografía de intercambio iónico* (*cromatografía iónica):* es el intercambio de iones entre un sólido (fase sólida estacionaria) y una solución (normalmente acuosa) que será la fase líquida estacionaria. (Ver la práctica de Intercambio iónico).

Cromatografía líquida de alta eficacia (HPLC). También conocida como cromatografía líquida de alta resolución o cromatografía líquida de alta presión, se trata de una técnica sensible para separar o analizar mezclas en la que la muestra es forzada a pasar a través de la columna cromatográfica bajo presión. El HPLC (high performance liquid chromatography) se utiliza para separar los componentes de una mezcla según las interacciones químicas entre las sustancias.

Cuando las condiciones cromatográficas permanecen constantes durante la separación, la cromatografía se llama **isocrática**, en la cual, el líquido pasa a la columna antes citada a través de la **fase estacionaria** (cilindro que contiene diminutas partículas donde se bombea el solvente –líquido– a considerable presión para potenciar la velocidad de los compuestos y, por ende, perfeccionar la calidad de la cromatografía). El compuesto investigado se va depositando en pequeñas fracciones y los componentes del solvente se van demorando de forma diferencial, según las interacciones químicas con la fase estacionaria, mientras van avanzando por la columna. El retraso de los componentes depende de su naturaleza, y de la composición de la fase estacionaria y la del líquido (fase móvil).

Análisis instrumental. En Química Analítica se denomina así a la investigación de analitos utilizando instrumentos científicos.

Los instrumentos que se utilizan en espectrofotometría o espectrometría se conocen como espectrómetros, espectrofotómetros y espectrorradiómetros, según su contextura, aunque en el lenguaje coloquial se conocen todos ellos como espectrómetros.

Polarografía. El checo Jaroslav Heyrovsky, Premio Nobel de Química 1959, introdujo esta técnica electroquímica que facilita la determinación del porcentaje de sustancias en una solución electrolítica. Se trata de un método que se utiliza en análisis de metales, cuyo fundamento es el cambio de intensidad de la corriente eléctrica que pasa entre dos electrodos introducidos en una solución y que depende del voltaje (diferencia de potencial) aplicado.

Se llama *polarógrafo* al instrumento de análisis químico que se utiliza para el registro gráfico y automático de las curvas intensidad-voltaje.

Espectrómetro de masas. Es un dispositivo basado en la capacidad de un campo magnético para desviar un ion en movimiento describiendo una trayectoria curvilínea (circular).

También podemos definirlo como un mecanismo utilizado para separar iones de una muestra, que contiene isótopos de un mismo elemento o bien distintos elementos químicos, los cuales no tienen la misma relación carga/masa.

Todos los elementos del espectrómetro de masas tienen que estar situados dentro de una cámara de vacío para que así los iones no encuentren obstáculos (gases atmosféricos, etc.) ya que al chocar con ellos, se produciría la consiguiente variación de trayectoria en su desplazamiento.

El espectrómetro de masas se utiliza en la identificación de drogas, medicamentos de prescripción ilegales, tóxicos, explosivos, aceleradores de incendios… facilitando con precisión la masa molecular de los mismos

El espectrómetro de masas, como ya sabemos, es susceptible de acoplarse a otros sistemas, por ejemplo, con el cromatógrafo de gases formando una mezcla de diferentes estados físicos (GC-MS) y también formando el sistema (cromatografía líquida-espectrometría de masas LC-MS).

La fidelidad selectiva de la GC y la precisión de detección de la MS conlleva que la mezcla mixta GC-MS ofrezca un alto nivel de efectividad en determinación de elementos químicos y cantidad (porcentaje) de los mismos en la muestra investigada.

Francis William Aston diseñó el primer espectrómetro de masas que le supuso el Premio Nobel de Química en 1922.

Espectrofotometría (espectrometría). Método de análisis de una muestra que se basa en la medida fotométrica de las longitudes de onda (*se entiende por longitud de onda, la distancia mínima entre dos puntos que se encuentran en concordancia de fase: mismo estado de vibración a lo largo de la línea de propagación*) en una onda periódica de energía de radiación absorbidas por la muestra investigada.

Radiación: emisión, propagación y transmisión de energía en el medio que estamos considerando.

Se conoce como *espectrofotómetro* al instrumento que se utiliza para descomponer un haz de radiación electromagnética heterogénea en sus diferentes componentes, a la vez que nos informa sobre la cantidad de transferencia de energía que tiene lugar entre cada uno de los componentes y la sustancia investigada.

Espectroscopia o espectroscopía de emisión atómica (AES). Investigación cualitativa y cuantitativa de elementos.

Con este tipo de análisis químico, mediante la intensidad de luz emitida por una llama, se puede determinar la cantidad de un elemento (átomos del mismo) en el analito investigado a partir de una muestra del mismo engarzada a la punta de un hilo de platino –cuidadosamente limpio, procurando que no presente trazas de otros analitos– que se acerca a la llama, mientras que, por su longitud de onda, identificaremos dicho elemento ya que cada elemento emite luz con una longitud de onda determinada que, dispersada por un prisma la luz (debido a que la onda de luz blanca está formada por varias longitudes de onda al pasar de un medio a otro tienen distinta velocidad por lo que cada color que forma la luz blanca tiene diferente longitud de onda).es detectada en un espectrómetro.

Esta técnica facilita el análisis de un variado y numeroso grupo de sustancias.

Espectroscopia de emisión atómica con plasma de acoplamiento inductivo (ICP-OES). Con esta técnica se pueden determinar y cuantificar todos los elementos químicos excepto C, H, O, N, F, algunos elementos pertenecientes al grupo de los lantánidos (periodo 6 de la tabla periódica) y gases nobles.

Espectroscopia de rayos X de energía dispersiva (EDX). La estructura electrónica de los elementos que forman los materiales se puede determinar por excitación de los electrones, utilizando rayos X para analizar la composición de material en estado sólido.

Este método se basa en la interacción entre la parte exterior de una muestra con una fuente de excitación de rayos X, para analizar la caracterización química (composición, estructura…) de la muestra investigada.

Es un método analítico que facilita la información de la composición cualitativa y cuantitativa de una sustancia hasta nivel atómico, la cual se puede averiguar agregando un detector EDS (EDX) a un microscopio electrónico.

Nota: Las restricciones técnicas y otras limitaciones pueden alterar la interpretación de los resultados.

Espectroscopia de plasma inducido por láser (LIBS: Laser-Induced Breakdown Spectroscopy). Es un método analítico en el que se utilizan láseres de alta energía en esta clase de espectroscopia de emisión atómica. Este tipo de excitación posibilita el análisis de sustancias sólidas, líquidas, gaseosas, sistemas coloidales, etc.

De esta forma, como todos los elementos químicos se pueden detectar al ser adecuadamente excitados, esto implica que se pueda determinar la composición elemental de la muestra investigada, cuya fidelidad, también dependerá de la intensidad del suministrador de emisión del láser y de la sensibilidad espectral del sistema detector.

Este método también es conocido como LIPS: Laser-Induced Plasma Spectroscopy

Electroforesis. Método de fraccionamiento molecular que se utiliza en análisis químico y en la industria (alimentaria: fraccionamiento de aditivos, aminoácidos, etc.), medioambiente (control de contaminantes, metales pesados, etc.), farmacia (fármacos anticancerígenos, enantiómeros[1] y biotecnológicos).

Esta técnica analítica se fundamenta en el movimiento (desplazamiento) diferencial de las moléculas, sujetas a un campo eléctrico, dependiendo de su carga.

La velocidad media de desplazamiento de una especie de analito es proporcional a la carga promedio del ion y al voltaje (diferencia de potencial) medio que se aplica.

La velocidad de avance (desplazamiento) de un ion (partícula) es inversamente proporcional a su tamaño.

En resumen, a mayor carga eléctrica y menor tamaño, más velocidad de desplazamiento

La electroforesis también se utiliza para separar fragmentos de ADN o proteínas en base a su tamaño y carga eléctrica.

Con esta técnica se puede emplazar la presencia de un investigado en el lugar de un crimen o hecho delictuoso, como una prueba adicional al informe sobre la culpabilidad del sospechoso.

- **Cataforesis:** cuando el desplazamiento es hacia al cátodo.
- **Anaforesis:** cuando el desplazamiento es hacia un ánodo.

(El término griego foresis significa transporte o, también, que es transportado)

Microelectroforesis: método electroforético de medida de desplazamiento (migración) de partículas de suficientes dimensiones como para ser investigadas en un microscopio, sin embargo pueden investigarse partículas (analitos) de tamaño menor pero suficiente como para ser observadas con el microscopio si antes han sido absorbidas por un medio de soporte eléctricamente neutro.

Radioinmunoanálisis (RIA): Técnica analítica de gran precisión para identificar y cuantificar antígenos (moléculas extrañas en el organismo) mediante *trazadores radiactivos* (sustancias químicas que contienen átomos radiactivos).

Ensayo por inmunoabsorción ligado a enzimas (ELISA): Técnica que identifica antígenos y gérmenes causantes de enfermedades utilizando colorimetrías para determinar la unión antígeno-anticuerpo. Este método se inició a principios de los años 60 investigando la concentración de la insulina en la sangre.

Anticuerpo: sustancia producida como respuesta del sistema inmunitario ante la presencia de un antígeno y así evitar infecciones.

Antígeno: Sustancia ajena al organismo susceptible de estimular el sistema inmunitario. Cuando penetran en el cuerpo humano moléculas extrañas (antígenos), el organismo produce anticuerpos para neutralizarlas.

El anticuerpo puede atacar al antígeno ya que tiene una estructura tridimensional adecuada para enlazarse con el antígeno, para que este no pueda dificultar las funciones normales.

Técnicas colorimétricas: En análisis químico, se define como colorimetría la técnica aplicada para especificar la concentración de los compuestos coloreados en una solución.

Su fundamento consiste en relacionar la concentración de dicha solución con la intensidad del color que presenta mediante un análisis comparativo con soluciones patrón. La investigación puede realizarse por foto-

---

1 Presentan actividad farmacéutica diferente ya que, como sabemos, los enantiómeros de una sustancia, aunque su estructura química es la misma y, también, sus propiedades físicas y químicas, sus átomos observan diferente emplazamiento espacial.

colorimetría (medida de la intensidad y longitud de onda de la radiación electromagnética que ha atravesado la materia o que dicha materia ha difundido).

La diferencia principal entre colorímetro (fotocolorímetro) y el espectrofotómetro es que éste es efectivo en luz visible y también en las zonas ultravioleta e infrarroja del espectro electromagnético, mientras que un fotocolorímetro solo es eficaz en el espectro de luz visible.

Solución patrón: solución que contiene una concentración conocida de una sustancia específica.

Denominamos *espectrometría* a la técnica espectroscópica utilizada en la valoración de la composición cualitativa y cuantitativa de las sustancias investigadas (especificar estructura y propiedades químicas). Dichas valoraciones se realizan con espectrómetros o espectrógrafos.

Química fina.- Así se conoce a la sección de la química que trata de productos químicos simples o complejos, de gran pureza y que se obtienen cantidades reducidas en laboriosos procesos químicos. Esta rama de la química se inició a finales de los años 70 y ha ido incrementando paulatinamente su importancia en la industria química. Los productos **químicos finos** se utilizan como aditivos en pequeñas cantidades en fármacos, cosméticos, detergentes, productos agrícolas, intermediarios químicos, alimentos, etc. El nombre de química fina alude a la producción de un tipo de sustancias químicas dedicadas a aplicaciones especiales.
Principio activo: componente principal de un fármaco responsable de la curación de una enfermedad. Se llama **excipiente** en Farmacología a una sustancia inactiva que se mezcla con el principio activo del medicamento para darle forma y consistencia u otras cualidades que faciliten su utilización.

Nota:

- **La energía de radiación se transmite en forma de ondas o partículas.**

- **A lo largo del texto irán apareciendo distintas técnicas colorimétricas aplicadas en la práctica forense.**

2.

FUNDAMENTOS TEÓRICOS

El método científico

*Para la obra científica los medios son casi nada
y el hombre es casi todo*
Santiago Ramón y Cajal

Objetivos:

Estrategia utilizada por la ciencia para la obtención de nuevos conocimientos ya que no puede haber ciencia sin método.

Material:

En esta práctica el material utilizado dependerá de la investigación que vamos a realizar.

Método:

El procedimiento a seguir viene dado por el siguiente esquema o mapa conceptual:

Planteamiento del problema	Formulación de hipótesis	Experimentación	Análisis de los resultados

1. **Planteamiento del problema:** Observación e investigación del mismo.
2. **Formulación de hipótesis:** Suposición que se enuncia provisionalmente para dirigir una investigación científica que debe confirmarla o negarla.
3. **Experimentación:** Verificación de pruebas para examinar sus características. y demostrar la eficacia o validez de la investigada hipótesis.
4. **Análisis de los resultados:** Conclusiones y comunicación de las mismas.

Ejemplo 1:

Enfermedad de la colza (síndrome del aceite tóxico). Investigación oficial (a)

1. **Observación y planteamiento del problema:** En la primavera de 1981, en Torrejón de Ardoz (Madrid) empezaron a frecuentar hospitales y centros de salud, enfermos que presentaban ciertos síntomas (alteraciones cutáneas, anorexia, disnea, eosinofilia, trastornos neuromusculares...) que no correspondían a una enfermedad homologada, por lo que se intentó investigar sus orígenes, para evitar la propagación de la misma y el restablecimiento de los enfermos contagiados.

   Veamos algunas de las hipótesis que se investigaron hasta encontrar la solución *oficial* del problema.

2 y 3. **Hipótesis a):** Como en esa localidad estaba instalada una de las tres bases aéreas militares americanas en España, se supuso que allí estaba el origen de la enfermedad que afectaba a Torrejón de Ardoz y no al resto de pueblos y ciudades colindantes.
   Experimentación a): Se sometió a los militares de la base a conveniente aislamiento sin que la enfermedad remitiera. Además, comenzaron a aparecer casos de dicha enfermedad en localidades más alejadas, por lo que se determinó que esta primera hipótesis era errónea.

   Hipótesis b): Los perros eran los que transmitían la enfermedad.
   Experimentación b): El confinamiento de los mismos no evitó que la epidemia siguiera su progresión ascendente.

   Hipótesis c): Las frutas como responsables de la enfermedad.
   Experimentación c): Las frutas fueron sometidas a la conveniente asepsia, pero la alteración de la salud de la ciudadanía seguía su curso.

   Hipótesis d): Se pensó que podría influir el barrio en el contagio de la epidemia.
   Experimentación d): Se desestimó rápidamente esta proposición ya que enseguida se comprobó que en la nómina de enfermos, figuraban paisanos de todos los barrios de la localidad.

   Hipótesis e): Finalmente, tras un tiempo de investigaciones, se constató que todos los enfermos presentaban una circunstancia común: habían ingerido aceite desnaturalizada de colza, un tipo de aceite que se vendía a domicilio a un precio económico.
   Experimentación e): Suprimida la ingestión y la distribución del aceite de colza para el consumo humano, la epidemia remitió hasta su destino como enfermedad controlada en el catálogo de patologías de la ciencia médica.

4. **Análisis de los resultados, conclusiones y comunicación de las mismas:** Una vez conocidos los resultados, verificada, sometida y clasificada la patología, **síndrome del aceite tóxico (SAT)**, se iniciaron los protocolos correspondientes.

   Se procedió a procesar a los culpables de la –hasta entonces– desconocida epidemia, que llegó a ser calificada durante los primeros meses como emergencia pública, culpable de unos 20.000 afectados y más de 4.000 fallecidos. Todavía quedan personas que continúan sufriendo secuelas de la enfermedad, que apareció en España en la primavera de 1981.

   Después de un largo proceso judicial, que se demoró algunos años, la resolución definitiva se dictó en septiembre de 1997, cuando el Tribunal Supremo condenó a dos funcionarios por imprudencia temeraria (seis meses) y al Estado, como responsable civil subsidiario, a pagar las indemnizaciones a las personas afectadas por el consumo de aceite de colza, cuya plataforma reivindicativa *Seguimos*, insiste en sus reclamaciones de mayor atención social –ya que se consideran víctimas de segunda clase– por las autoridades pertinentes y más inversión e investigación sobre el tratamiento de los efectos poscolza.

Enfermedad de la colza. Investigación b

Al margen de las investigaciones oficiales, científicos independientes estudiaron la enfermedad y obtuvieron conclusiones diferentes a las oficiales:

Demostraron que en varias localidades en las que no se había distribuido el aceite de colza, hubo afectados por esta enfermedad.

Este grupo de especialistas presentó a las autoridades sanitarias un informe en el que se demostraba que todos los contagiados habían consumido tomates y otros vegetales procedentes del sureste de España, los cuales habían sido tratados con pesticidas organofosforados (sustancias orgánicas de síntesis, muy tóxicas, que presentan en sus moléculas un átomo de fósforo y cuatro de oxígeno, aunque en algunas de estas sustancias se presenta el átomo de fósforo unido a tres átomos de oxígeno y uno de azufre).

También demostraron que en algunas poblaciones en las que se consumía aceite de colza y tomates del tipo antes indicado, todos afectados por la enfermedad había consumido vegetales del sureste de España tratados con pesticidas organofosforados, mientras que algunos que solo habían consumido aceite de colza no desarrollaron la enfermedad.

Según afirmaron estos galenos, sus informes fueron aceptados con reticencia e indiferencia por las jefaturas oficiales sanitarias, ya que seguían aferrándose en la colza como responsable del problema.

A estas investigaciones de prestigiosos médicos españoles (Muro, Frontela…), se adhirieron expertos extranjeros que no acababan de admitir el rumbo que las investigaciones oficiales iban adquiriendo.

El proceso judicial se inició a finales de los años 80 en el auditorio de la Casa de Campo de Madrid con 38 aceiteros acusados, la declaración de unas 2.500 personas –entre ellas el presidente del gobierno– nutrida relación de letrados y 200 peritos judiciales de las distintas tendencias que se enfrentaron en ásperas y agrias polémicas en defensa de sus respectivas tesis.

Fueron muy importantes para el veredicto, el informe enviado por valija diplomática y las declaraciones durante la celebración del juicio del eminente epidemiólogo, profesor de la University Oxford y nominado para el Nobel, Richard Doll, el cual explicó que, con los datos que se le habían adjuntado, el aceite de colza desnaturalizado había sido el causante de la enfermedad.

Ejemplo 2:

Balance de materia en el menú del cuartel

1. A principios de la década de los cuarenta del siglo pasado, en plena crisis de posguerra, en un acuartelamiento militar del norte de España, el capitán de cocina observó que, desde hacía algún tiempo, había problemas en la confección del rancho para la tropa debido a la insuficiencia de patatas, a pesar de que la cantidad que se suministraba a los cocineros había sido siempre la misma.

2-3. a) Se comprobó que el estadillo de cocina indicaba que el número de soldados no había variado.
   b) Se verificó experimentalmente, con el visto bueno de los mandos de cocina presentes, que la suma de las pieles de las patatas mondadas y sus patatas correspondientes recientemente peladas coincidían con el peso de las patatas que cada día se entregaban en la cocina.
   c) Durante varios días se entregó a cocina el mismo peso de patatas que, una vez mondadas, se procedió a repetir la experiencia del apartado b, sin coincidir satisfactoriamente con el resultado del citado apartado.

4. Conclusión: Los soldados destinados a cocina, mientras pelaban las patatas se merendaban unas cuantas papas crudas, recién mondadas.

Actividades:

Aplica el método científico como estrategia para la resolución de un problema o para profundizar en su conocimiento.

Soluciones tampón

Aunque el pH de las soluciones corrientes suele variar ostensiblemente al añadir gotas de ácidos o bases, en ciertas soluciones el pH no varía, o varía muy poco, cuando sobre ellas se derraman gotas de ácido o de álcali.

Como sabemos, el pH de una solución lo medimos con papel indicador de pH (papel pH) y pH-metro.

Este tipo de soluciones (conocidas como reguladoras, amortiguadoras, tampones, buffer, etc.), están formadas por un ácido débil y un exceso de su base conjugada. Se preparan mezclando un ácido o una base débil con una de sus sales muy disociadas. Ejemplo: ácido acético (ácido débil) con acetato de sodio (sal muy disociada).

Las soluciones tampón se utilizan en análisis químicos para separar cationes, identificación del plomo, etc.

Objetivos:

En esta práctica nos iniciaremos en los tampones.

Material:

- Tubos de ensayo, varillas, probeta, indicador pH (papel pH; pH-metro), pipetas de gotas.
- Reactivos: ácido acético, CH_3-COH, 0,1 M, acetato de sodio, CH_3-COONa 0,1 M, ácido clorhídrico, HCl, 0,1 M, hidróxido de sodio, NaOH, 0,1 M.

a. **Preparación del tampón**

1. Previamente, dispondremos soluciones de CH_3-COOH 0,1 M y CH_3-COONa 0,1 M.
2. Siempre con precaución, en un tubo de ensayo añadimos 0,4 mL ácido de acético 0,1 M y 0,4 mL de acetato de sodio 0,1 M. Agitamos con la varilla y determinamos el pH. Tanto en este apartado como en los siguientes, determinaremos el pH con la con la máxima precisión posible.

b. **Estudio de la capacidad reguladora de la solución tampón de acetato**

3. En dos tubos de ensayo (A y B), añadir 8 gotas de agua destilada (cuyo pH hemos determinado) en cada uno. En el tubo A derramamos una gota de HCl, 0,1 M y en el tubo B una gota de NaOH 0,1 M. Agitamos con la varilla y anotamos el pH de las soluciones realizadas.
4. En otros dos tubos de ensayo (C, D) agregamos en cada uno, gotas (6) del tampón de acetato anteriormente preparado en el apartado a y, a continuación, en el tubo C agregamos una gota de HCl 0,1 M y en el tubo D una gota de NaOH 0,1 M. Agitamos cuidadosamente con la varilla y determinamos el pH de las soluciones contenidas en los tubos C y D.

Actividades:

Diseña unas tablas en las que se especifique el proceso realizado: pH correspondiente a los valores iniciales del agua destilada y del tampón acetato y el anotado después de agregar HCl y NaOH (apartados 3 y 4).

- Explica el efecto del HCl y del NaOH sobre el pH del agua destilada y tampón.

Producto de solubilidad (I): precipitación fraccionada

En química se define como **precipitación** al proceso de formación de un sólido a partir de una solución. El sólido que baja al fondo del recipiente se llama **precipitado,** el cual se puede producir por:

1. Evaporación del disolvente.
2. Reacción química entre soluciones solubles pero en las que en su composición presentan iones que originan sustancias insolubles.
3. Adición a una solución de una sal que contenga un ion común con la sustancia disuelta.

El efecto del ion común generalmente disminuye la solubilidad del soluto.

Como vemos, la precipitación es el resultado de la aparición de una fase sólida en el seno de un líquido como resultado de la concentración del líquido en cuestión hasta la sobresaturación de la solución, o bien al añadir un reactivo que da lugar a la formación de un producto insoluble con alguno de los iones de la solución.

La precipitación tiene mucha importancia en el análisis químico forense en la investigación cualitativa, por eso nos iniciaremos teórica y experimentalmente en los conceptos que la regulan:

Una sustancia aunque sea muy insoluble no lo es totalmente, sino que siempre una pequeña parte de la misma se disuelve, llegándose a establecer un equilibrio entre la parte no disuelta y la parte disuelta y otro equilibrio entre la parte disuelta no disociada y la parte disuelta disociada.

AB (parte no disuelta)	$\rightleftharpoons$	**AB** (parte disuelta)
AB (parte disuelta no disociada)	$\rightleftharpoons$	**A$^+$ + B$^-$** (parte disuelta disociada)

Al producto $[A^-][B^+]$ se le llama producto de solubilidad (K_{ps}).

Si tenemos una sustancia, A_aB_b, disuelta en agua pero encontrándose dicha sustancia poco disociada, tendremos el equilibrio:

$$A_aB_b \rightleftharpoons aA^{b+} + bB^{a-}$$

El producto de solubilidad será:

$$[A^{b+}]^a[B^{a-}]^b = K_{ps}$$

En el caso de que $[A^{b+}]^a[B^{a-}]^b > K_{ps}$, la sustancia precipita.
En el caso de que $[A^{b+}]^a[B^{a-}]^b < K_{ps}$, la sustancia se disuelve.
En el caso de que $[A^{b+}]^a[B^{a-}]^b = K_{ps}$, la sustancia forma una solución saturada.

Objetivos:

Una de las aplicaciones analíticas del producto de solubilidad es la precipitación fraccionada que estudiaremos experimentalmente en esta práctica.

Material:

- Pipetas de gotas, tubos de ensayo cónicos, varillas de vidrio.
- Agua destilada.
- Reactivos: cloruro de potasio (KCl) 0,5 M, nitrato de plata (AgNO$_3$) 1 M y cromato de potasio (K$_2$CrO$_4$) 0,08 M.

Método:

Precipitación fraccionada:

En una solución que presenta varios iones capaces de precipitar con un reactivo común, es posible precipitar ordenadamente dichos iones en determinadas condiciones, hasta llegar a un punto en que la precipitación llega a ser simultánea (equilibrio iónico).

Ensayos:
- En un tubo de ensayo (etiqueta A) agrega con cuidado 3 gotas de KCl 0,5 M y 3 gotas de AgNO$_3$ 1 M.
- En otro tubo de ensayo (etiqueta B) verter 3 gotas de K$_2$CrO$_4$ 0,08 M y 3 gotas de AgNO$_3$ 1 M.

Anota el color de los precipitados obtenidos.

Para determinar experimentalmente la sustancia que precipita primero y la sal que menos se disuelve, procederemos como sigue:

En un tubo de ensayo agregar 3 gotas de KCl y 3 gotas de K$_2$CrO$_4$, derrama cuidadosamente sobre la mezcla 6 gotas de agua destilada, removiendo la solución con la varilla y añadiendo a continuación y, lentamente, 1 gota de AgNO$_3$. Anota tus observaciones y agrega otras 2 gotas más de AgNO$_3$.

Conclusiones:

- Describe e interpreta los fenómenos observados.
- Escribe las ecuaciones iónicas y moleculares de las reacciones efectuadas.
- Explica el orden de formación de los precipitados en el proceso químico realizado teniendo en cuenta que:

$$K_{ps} (AgCl) = 1,8 \times 10^{-10} \qquad K_{ps} (Ag_2CrO_4) = 1,9 \times 10^{-12}$$

Producto de solubilidad (II): solubilidad de los precipitados

Objetivos:

Estudiar la influencia del valor de la constante del producto de solubilidad sobre la solubilidad de los precipitados.

Material:

- Pipetas de gotas, tubos de ensayo cónicos. varillas de vidrio.
- Agua destilada.
- Reactivos: cloruro de sodio (NaCl) 0,5 M, yoduro de potasio (KI) 0,5 M, bromuro de sodio (NaBr) 0,5 M, nitrato de plata ($AgNO_3$) 1 M, hidróxido de amonio (amoniaco, NH_4OH) al 10%.

Método:

1. Tubo de ensayo A: 2 gotas de cloruro de sodio 0,5 M, con 2 gotas de nitrato de plata 1 M.
   Tubo de ensayo B: 2 gotas de yoduro de potasio 0,5 M con 2 gotas de nitrato de plata. 1 M.
   Tubo de ensayo C: 2 gotas de bromuro de sodio 0,5 M con 2 gotas de nitrato de plata 1 M.
   Anota el color de los precipitados obtenidos.
2. Derramar en cada tubo de ensayo, con las debidas precauciones, 2 gotas de hidróxido amónico (al 10%). Agitar los tubos con una varilla de vidrio.
   Anota la diferencia de velocidad de disolución en los distintos tubos de ensayo.
   Anota las ecuaciones de las reacciones realizadas.
   Escribe las expresiones de los productos de solubilidad de los halogenuros con sus respectivos datos numéricos (consulta tablas de datos).
   Interpreta los procesos químicos realizados.

Actividades:

Resolver el siguiente ejercicio:

Después de conquistar el imperio persa, Alejandro Magno pasó a invadir la India, donde su ejército fue contaminado por una misteriosa dolencia que presentaba la particularidad de afectar solamente a los soldados sin graduación, a pesar de que oficiales y soldados tuvieron que asumir el mismo tipo de avatares. Mucho tiempo después se aclaró el enigma cuando se supo que unos utilizaban vasos de plata y otros bebían en vasos de estaño.

Con los datos que se adjuntan, determina el metal de la vajilla utilizada por la tropa y por los oficiales, sabiendo que la solubilidad (g/L) del compuesto del metal de los vasos que utilizaban éstos era mayor que la solubilidad del compuesto del metal de los vasos de los militares sin graduación.

Nota: la plata al disolverse en agua, aunque esta sea escasa, origina un coloide que elimina las bacterias infecciosas.

Datos: Kps de $Sn(OH)_2$: $2,0 \times 10^{-26}$; Kps de AgCl: $1,8 \times 10^{-10}$

Masas atómicas: Sn: 118; O: 16; H: 1; Cl: 35,5; Ag: 108

Compuestos complejos

Existe un grupo de compuestos que, por sus características especiales, se conocen como compuestos de coordinación o también compuestos complejos.

Hay muchas sustancias biológicas que están formadas por este tipo de compuestos. Entre las más conocidas están la hemoglobina, la vitamina B_{12} (B-12), metalo-proteínas, etc.

Los elementos de transición (Cr, Fe, Co, etc.) tienen tendencia a unir moléculas o iones mediante enlaces covalentes coordinados.

Se considera que existe enlace covalente coordinado entre dos átomos, cuando uno de ellos proporciona el par de electrones (par electrónico) necesario para enlace, mientras que el otro átomo aporta el hueco electrónico (orbitales vacíos) correspondiente.

La constitución de estos complejos así formados, fue explicada por el químico suizo Alfred Werner en su *Teoría de la coordinación* presentada en 1893 (premio Nobel de química 1913).

Los compuestos complejos constan de un átomo central rodeado de moléculas, átomos y/o iones en un número que se llama número de coordinación. Este número, como, por ejemplo, 2, 4 y 6 indica los grupos unidos por enlaces iguales situados en el espacio en una disposición lineal, tetraédrica u octaédrica. Después puede haber otra esfera más externa constituida por un anión o un catión.

Los iones, átomos o moléculas que se unen al átomo central se llaman **ligandos**.

Objetivos:

En esta práctica investigaremos el sulfato de tetraamin cobre (II), $[Cu(NH_3)_4] SO_4 H_2O$.

Material:

- Tubos de ensayo, agitadores (varillas), vasos de precipitados, pipetas de gotas.
- Reactivos: sulfato cobre (II), $Cu SO_4$, solución de amoniaco (hidróxido de amonio) al 25%, cloruro de bario, $BaCl_2$ y estaño (granos).

Método:

a. **Obtención de sulfato de tetraamín cobre (II)**
1. Preparamos una solución acuosa de sulfato de cobre (II) 0,5 M en un vaso de precipitados.
2. Verter –utilizando el cuentagotas– unas 14 gotas de la solución anterior en un tubo de ensayo.
3. Añadir, a continuación, al tubo de ensayo –con precaución y lentamente– gotas de la solución amoniacal (al 25%). Tomaremos nota de las variaciones que se producen con respecto al precipitado de sulfato cobre II) que se habrá formado y también el cambio de color de la solución, originadas por la formación del compuesto complejo sulfato de tetraamin cobre (II), $[Cu(NH_3)_4] SO_4$.

b. Investigación del sulfato de tetraamín cobre (II)

4. Prepararemos una solución de $BaCl_2$ 0,2 M en un vaso de precipitados.
5. Etiquetamos dos tubos de ensayo (A y B).

Tubo A: agrega lentamente una gota de solución de $BaCl_2$ 0,2 M sobre el tubo que ya contiene una parte (la mitad) del volumen del compuesto complejo que previamente habíamos derramado en dicho tubo.

Tubo B: añade una pequeña muestra de estaño granulado a la otra mitad de compuesto complejo que ya habíamos introducido en el tubo B.

Actividades:

– Reacciones químicas que han tenido lugar.
– Explica las observaciones anotadas durante la realización de la práctica.

Nota: los compuestos de coordinación (complejos de coordinación) se utilizan en análisis químico (determinación de trazas de metales, etc.).

3.

ANÁLISIS QUÍMICO GENERAL: CUALITATIVO

El objeto de la Química Analítica Cualitativa es, como ya sabemos, el reconocimiento o identificación de los elementos o grupos químicos presentes en la muestra investigada.

TÉCNICA DE LABORATORIO

En Química Analítica se entiende por escala o técnica de trabajo, la cantidad de muestra o volumen de solución utilizado y también el material de laboratorio que ha sido necesario para la realización correcta del proceso analítico.

Se utilizan varias escalas de trabajo: macro, semimicro, micro, ultramicro, etc., que se seleccionarán según las condiciones del problema a investigar.

La limpieza y precisión en el desarrollo del proceso será fundamental para la correcta consecución del mismo.

Escala semimicro

Rango de masa de sustancia de muestra: 0,01-0,1g
Rango de volumen de la solución investigada: 1mL-5 mL

MATERIAL

Placa de toques (placa de gotas) con seis o más cavidades de 1 mL de capacidad, gradillas con tubos de ensayo de diferentes tamaños y características, tubos de centrífuga de fondo cónico, matraces, erlenmeyer, espátulas, cuentagotas, pipetas, pipeteros (tipo cuentagotas), (pipetas de gotas) pipetas de Pasteur, probetas, buretas, vasos de precipitados, semimicrofiltros, varillas de vidrio adecuadas para dejar caer gotas, embudo de decantación, agitadores diversos, centrífugas (cetrifugadoras), un hilo de platino montado sobre varilla de vidrio (varilla con hilo de platino), vidrios de reloj, placa (cápsula) de Petri, cápsulas de porcelana, crisol, frasco lavador, trípode, pinzas, aros, rejillas y demás soportes de laboratorio, mechero Bunsen y otros sistemas de calentamiento, embudos, kitasato, trompa de agua, tiras de papel indicador (pH), pH-metro, pH-metro de bolsillo, discos de papel de filtro cuyo diámetro se ajusta al del semimicrofiltro, algodón, etiquetas para rotulación correcta de tubos y demás recipientes, microscopio, porta y cubreobjetos, balanza analítica, espectroscopio, fuente adecuada de luz ultravioleta, termómetros, indicadores con frasco gotero, vitrina de gases, etc.

FILTRACIÓN

Se realiza también con un microfiltro que, una vez introducido en un corcho horadado, se ajusta a un tubo de ensayo. El microfiltro (simplificación de semimicrofiltro) se utiliza para filtrar pequeños volúmenes y también pequeñas cantidades de precipitado.

En el interior del filtro se introduce adecuadamente, un poco de algodón en rama (algodón-semilla), humedeciéndolo con agua destilada y comprimiendo con una varilla (vástago o pisón). Encima del algodón se coloca un disco de papel de filtro húmedo de medidas correctamente adaptadas (evitando las arrugas) a la anchura del filtro para evitar que, por los laterales, se deslice el precipitado. Si el filtro lleva un tubo lateral (salida anexa) podremos adaptarle un dispositivo adecuado, agilizando la velocidad de filtración de la solución investigada que va deslizándose hacia abajo por la acción de la gravedad.

CENTRIFUGACIÓN

Método de separación y sedimentación de líquidos y sólidos mucho más moderno, rápido y práctico que el anterior, el cual es realizado con centrífugas (eléctricas…) que se utilizan en los laboratorios para separar los componentes de una sustancia mediante movimientos de rotación, por lo que tendremos que usar tubos de vidrio especiales (sus extremos de forma cónica), en cuyo fondo se deposita el precipitado facilitando la separación de la solución.

En la actualidad hay diferentes tipos de centrífugas (centrifugadoras) dada la diversidad de sus aplicaciones; dependiendo de la velocidad de rotación y del tipo de centrifuga tendrá diferente funcionamiento y características.

EVAPORACIÓN

Transformación de un líquido a gas por debajo del punto de ebullición del líquido. La evaporación tiene lugar a cualquier temperatura en la capa superficial del líquido. También pueden evaporarse las partículas que tienen la energía cinética necesaria para romper los enlaces.

La naturaleza del líquido también influye en la velocidad de evaporación del mismo.

En el laboratorio de análisis puede ocurrir que haya que evaporar una solución demasiado diluida para concentrarla. La evaporación a sequedad se hará en cápsulas o crisolitos, procurando no calentar en un mechero Bunsen ya que puede haber salpicaduras. Hay que utilizar un sistema de calentamiento adecuado a la práctica a realizar (baños, desecador idóneo, etc.) que garantice la seguridad en la ejecución, a la temperatura lo más baja posible (incluso ambiental) para evitar alteraciones y accidentes.

BAÑO DE AGUA (BAÑO MARÍA)

Recipiente que contiene agua que se calienta con un mechero de laboratorio o por corriente eléctrica. Es un método adecuado para que una temperatura se mantenga uniforme por todo el recipiente entre $0°$-$70°$C, aunque, si no molesta el vapor, se puede mantener una temperatura uniforme de $100°$C. **(*)**

María la Judía, también conocida como María la Hebrea –creadora del baño de agua que lleva su nombre– vivió en Alejandría en los primeros siglos de nuestra era y formó parte, junto a otros alquimistas, del grupo alejandrino pionero de la alquimia tradicional; aportaron métodos, procedimientos, escritos e instrumentos que contribuyeron al progreso de la incipiente relación entre la alquimia y química.

(*) En el interior del recipiente con agua se introduce otro recipiente en el que se encuentra la sustancia que, de forma indirecta, se va a calentar en las condiciones y uniformidad de temperatura ya citadas.

BAÑO DE ARENA

Consiste en un lecho de arena donde se colocan cápsulas de porcelana, metálicas, etc. que contienen sustancias que se calientan de forma indirecta.

DESTILACIÓN

Proceso de separación por calentamiento de los componentes de una mezcla de líquidos según sus puntos de ebullición. El bulbo del termómetro que controla la temperatura se coloca en la parte baja de la entrada del refrigerante.

Ensayos iniciales

Objetivos:

En esta práctica experimentaremos las primeras pruebas por vía seca cuyos informes abreviarán y complementarán el trabajo de la investigación analítica.

Material:

- Mechero de laboratorio, pinza, tubos de ensayo resistentes al calor, varilla de hilo de platino.
- Balanza de laboratorio (analítica) y cuentagotas.
- Ácido clorhídrico.

Método:

1. *Color*: según el color de la muestra-problema a investigar, obtendremos los siguientes datos:

Color de la muestra-problema	Datos (presencia de)
Azul fuerte	Sales de cobalto anhidras
Verde	Sales de níquel hidratados
Verde desvaído	Sales de hierro (II) hidratadas
Verde o azul	Sales de cobre hidratadas
Rosa intenso	Sales de cobalto hidratadas
Amarillo	Posible existencia de sales de Fe (III) hidratadas, ferrocianuros, cromatos o dicromatos
Incolora	Implica la ausencia de cationes y aniones coloreados

2. *Coloración de la llama desprendida* (Ensayo a la llama):

a. En un vidrio de reloj nuevo, ponemos una muestra de la sustancia investigada, a la que humedecemos con una gota de HCl concentrado.

b. La punta de un hilo de platino limpio se sumerge un poco en la mezcla y, a continuación, la acercamos al extremo de la llama incolora de un mechero Bunsen. (El HCl sirve para eliminar trazas de analitos anteriores).

Color de la llama	Datos (presencia de)
Verde desvaído	Bario
Rojo carmín	Litio
Rojo fuerte	Estroncio
Rojo ladrillo	Calcio
Verde azulado	Cinc
Verde oscuro	Cobre (o puede ser borato)
Amarillo	Sodio
Malva (violeta)	Potasio
Azul	Cobre (I)
Azul	Arsénico
Verde puro	Talio
Azul	Selenio
Verde claro	Antimonio

3. *Calor*: Pesamos 0,1 g de la muestra la introducimos en un tubo de ensayo seco resistente al calor colocado, con las debidas precauciones, de forma casi horizontal sobre la llama del mechero.

Muestra	Datos (presencia de)
Negro permanente	Sales de metales cuyos óxidos son negros: Cu, Fe, Ni, Co
En la pared del tubo de ensayo, aparece un sublimado	Sales amónicas, yodo de algunos yoduros, sales de Hg^{2+} o sales de Hg^+, sales de arsénico, etc.
Negro que desaparece por caldeo persistente	Materia orgánica que origina un resto carbonoso

4. *Olor*: Una muestra por el olor desprendido, puede indicar presencia de ion amónico, materia orgánica (olor a madera quemada), cloro, etc.

5. *Desprendimiento de gases*: en la misma muestra el color de los gases desprendidos puede indicar la presencia de diversos aniones.

A continuación, nos iniciaremos en la identificación de cationes y aniones mediante ensayos directos que se prolongará en la práctica de investigación de elementos traza en armas de fuego.

Investigación de cationes: reconocimiento directo

Objetivos:

Identificación o reconocimiento en soluciones-problema que pueden contener alguno de los siguientes cationes: Hg^+, Ni^{2+}, Fe^{2+}, Fe^{3+}, Sn^{2+}, Na^+, Cr^{3+}, Cd^2, Tl^+ y Se^{4+}.

Material:

- Placa de gotas (placa de toques o placa de ensayo), tubos de ensayo, sistema de filtro (semimicro-filtro), sistema de calentamiento, balanza, analítica y un hilo de platino montado en una varilla de vidrio.
- Indicador pH (papel pH; pH-metro), cuentagotas y varilla (agitador).
- Reactivos: amoniaco (diluido), dimetilglioxima (solución al 1% en etanol), amoniaco 2 M, ferrocianuro de potasio 1 M, cloruro de mercurio (II) 0,2 M, ácido clorhídrico 2 M, reactivo de Kolthoff (acetato de uranilo y cinc), solución acuosa EDTA-Na$_2$ al 5% (AEDT-Na$_2$), fluoruro de sodio (tóxico, hay que trabajar con cuidado), sulfuro de sodio (solución al 30% recientemente preparada), ácido clorhídrico diluido, yoduro de potasio 0,5 M y ácido clorhídrico concentrado.
- Soluciones-problema que se van a investigar.
  (EDTA-Na$_2$, ácido etilendiaminotetraacético sal disódica)
- Soluciones preparadas para la investigación de cationes (soluciones-problema).

Método:

MERCURIO

1. A dos gotas de la solución a investigar añade otras tantas gotas de HCl 2 M. Si no hay precipitado blanco no hay Hg (I).
2. La presencia de precipitado blanco puede ser de cloruros de Hg^+, Ag^+, Pb^{2+}, etc., entonces lo que se hace es centrifugar, tirar el líquido y en el precipitado añadir una gota de amoníaco 2 M. La formación de color negro fuerte indica presencia de Hg^+.

NÍQUEL

1. En una depresión de la placa de ensayos, poner una gota de una solución que contiene iones Ni^{2+} y añadir amoniaco (diluido) hasta alcalinizar la solución que hay que comprobar con indicador pH.
2. Agregar dos gotas de solución de dimetilglioxima (solución); precipitado rojo rosado implica presencia de níquel.

$$2(CH_3 - C = NOH)_2 + Ni^{2+} + 2NH_3 \longrightarrow (CH_3 - C - C - C= NO)_2 - Ni - (CH_3 - C - C - C - NOH)_2 + 2NH_4^+$$
(complejo dimetilglioxima-níquel) rojo

Se conoce como **interferencia** a la presencia de una sustancia en una solución-problema que molesta o dificulta la investigación analítica, hasta tal punto que algún ion no se puede reconocer por ocultación o solapamiento.

3. También, para confirmar la identificación, se puede reconocer el níquel si derramamos una gota del reactivo (dimetilglioxima) en papel de filtro, esperamos que se seque la mancha y agregamos a continuación sobre la misma una gota de la solución investigada. El color rojo del níquel se remarca bien.

HIERRO (II)

1. En una placa de gotas, introduce dos gotas de la solución-problema añade dos gotas de dimetilglioxima (solución).
2. Derrama, lentamente, gotas de amoníaco 2 M hasta que la solución sea ligeramente alcalina. La aparición de color rojo intenso indica la presencia de iones Fe^{2+}.

HIERRO (III)

1. En una placa de gotas añadir dos gotas de solución-problema (pH < 7) y a continuación, derrama dos gotas de solución 1 M de ferrocianuro de potasio.
2. Si se aparece un precipitado azul eléctrico (azul de Prusia) indicará la presencia de Fe^{3+}.

ESTAÑO

1. En un tubo de ensayo, introduce dos gotas de la solución-problema (reacción ácida) y añade dos gotas de cloruro de mercurio (II) 0,2 M.
2. Si hay estaño se formará, según el porcentaje de Sn^{2+} en la muestra:
   - precipitado blanco: cloruro de mercurio (I), dicloruro de dimercurio
   - precipitado negro: mercurio
   - precipitado gris: mezcla de Hg_2Cl_2 y Hg

SODIO

1. Se toman dos gotas de la solución, neutralizando su pH añadiendo NH_4OH o HCl diluido, según el carácter ácido o básico de la solución. Eliminar cualquier precipitado que pueda aparecer (filtrar o centrifugar).
2. En un vidrio de reloj (o portaobjetos) se depositan dos gotas de reactivo de Kolthoff (acetato de uranilo y cinc) y sobre ellas una gota del líquido claro del problema. Se mueve muy suavemente con la varilla y se deja reposar. La aparición de precipitado amarillo confirma la presencia de sodio. (En el microscopio veremos el precipitado en forma de diminutos cristales octaédricos).

CROMO

1. En un tubo de ensayo, si la solución-problema tiene carácter ácido, se ponen cuatro gotas de la misma a las que agregamos una pequeña muestra de fluoruro de sodio –sólido– para enmascarar la posible presencia de hierro (Fe^{3+}) y rebajar el exceso de acidez.

Si se forma precipitado con el fluoruro, se separa filtrando o por centrifugación.

La reacción de la solución investigada debe permanecer ácida después de añadirle fluoruro de sodio.

2. Se agrega el mismo volumen de EDTA-Na$_2$ al 5%, por medio de una pinza se sujeta a un soporte y se coloca en un baño de agua (baño maría).

Si vemos que va apareciendo color violeta que se va acentuando con el tiempo, implica la presencia de cromo (Cr^{3+}) en la solución-problema.

3. Si es alcalina, a cuatro gotas de la solución investigada, se añade HCl 2 M.

Si aparece alguna precipitación se separa como en el apartado 1 (no se añade NaF porque los iones Fe^{3+} no aparecen en medio alcalino) y con el HCl 2 M fijaremos la acidez adecuada para la realización de la prueba.

4. A continuación, repetimos el apartado 2.

CADMIO

En un tubo de ensayo a cuatro gotas de una solución incolora, sospechosa de tratarse de sulfato de cadmio (carcinógeno humano) se le agrega gota a gota lentamente, con las debidas precauciones, una solución de sulfuro de sodio al 30% preparada en el momento de utilizarla. El precipitado amarillo-naranja formado indica que la solución investigada contenía cadmio.

El cadmio es un metal tóxico cuya ingestión puede producir trastornos en los pulmones, aparato digestivo y riñones. La continuada o excesiva ingestión o inhalación de este elemento, dada su larga media de vida biológica en los humanos, puede ocasionar problemas graves de salud. Los principales conductos de excreción de este tóxico son orina y heces.

TALIO

Para su identificación utilizaremos la técnica del ensayo a la llama: en un vidrio de reloj limpio, ponemos la muestra que vamos a investigar y agregamos una gota de HCl concentrado. Con las debidas precauciones, se moja la punta de un hilo de platino y se acerca al extremo de la llama incolora del mechero Bunsen. Llama color verde esmeralda estable: talio.

El talio es un veneno que, aunque no tan conocido como otros, mereció el apelativo de «veneno de envenenadores», figurando en la nómina de tóxicos de Cleopatra pero que –llegado el momento– prefirió suicidarse con mordedura de serpiente, aunque últimamente hay opiniones que afirman que ingirió veneno.

El talio figura como metal pesado elegido por Agatha Christie como tóxico crónico (sales de talio –como, por ejemplo, sulfato de talio (I), Tl$_2$SO$_4$– que ocasiona los mismos síndromes en dosis reducidas que en la ingestión de todas ellas en una sola vez) en su novela *El misterio de Pale Horse*.

El talio es un metal muy tóxico, incoloro, inodoro, sin sabor, se absorbe rápidamente por el aparato digestivo y a través de la piel, causante de intoxicaciones fortuitas, se utilizó en la industria (pinturas, aleaciones con otros metales, etc.) y en agricultura (raticidas, pesticidas, mata hormigas, etc.).

El talio hace ya varias décadas que está prohibido en España y otros países por razones de salud y en previsión de proyectos homicidas. (Ver investigación del crimen: literatura policíaca).

SELENIO

Repite la técnica utilizada en la investigación del talio. La llama presenta color azul: selenio.

Nota: el selenio no forma cationes pero puede aparecer en la solución en forma de sales como, por ejemplo, seleniato.

El consumo excesivo y continuado de este elemento puede ocasionar graves trastornos en el organismo (pulmón, corazón, riñón) hasta tal punto que, de prolongarse en el tiempo, puede llegar a producir la muerte, en algunas ocasiones por envenenamiento intencionado por razones delictivas.

El espectro de emisión informa cualitativa y cuantitativamente sobre el elemento investigado. (Ver Espectroscopia de emisión atómica).

El *polonio* es un elemento radiactivo muy escaso, descubierto por los esposos Curie en 1898 en un mineral de uranio conocido como pecblenda. El isótopo P-210 adquirió cierto renombre como veneno al ser el causante de la muerte del espía ruso Alexander Litvinenko, que lo ingirió días antes de su fallecimiento en Londres, el 23 de noviembre de 2006. El envenenamiento se produce por radiactividad y se manifiesta como un tóxico irreversible, gradual y efectivo.

Separación de cationes

Objetivos:

En una mezcla de diversos productos, separar los cationes presentes en la misma (Cu^{2+}, Ag^{+}, Pb^{2+}).

Material:

- Vasos de precipitados, varilla, pipeta erlenmeyer, indicador pH (papel pH; pH-metro).
- Sistema de filtro, tubos de ensayo resistentes al calor, placa de gotas (placa de toques).
- Sistema de calentamiento (mechero de laboratorio) y cuentagotas.
- Reactivos: $AgNO_3$, $Pb(NO_3)_2$, $Cu(NO_3)_2$, HCl 2 M, NH_4OH 2 M, KI 0,5 M, HCl 2 M, HCl diluido y HNO_3 2 M.

Método:

1. Preparación en un vaso de precipitados de una solución de 9 mL formada por nitrato de plata, nitrato de plomo (II) y nitrato de cobre (II). Agitamos con la varilla cuidadosamente la mezcla.
2. Con una pipeta derramamos en un tubo de ensayo 5 mL de la solución a investigar.
3. Añadimos gotas de HCl 2 M (una a una hasta que no aparece precipitado) lenta y cuidadosamente.
4. Calentamos ligeramente el tubo de ensayo, esperamos que se enfríe y filtramos.
5. Añadimos al filtrado 1 gota de HCl 2 M para confirmar que la precipitación ha terminado. Lavamos dos veces el precipitado con agua fría que contiene una gota de HCl diluido/0,5 mL de agua.
6. Agregamos lentamente unas gotas de hidróxido amónico (amoníaco) en el líquido filtrado. El color azul nos confirma la presencia de cobre.
7. Ya hemos separado el cobre que se encuentra en el líquido filtrado, mientras que en el precipitado del filtro tendremos Ag^{+} y Pb^{2+}. A continuación, separamos el Pb^{2+} de Ag^{+}, para lo cual añadimos unos mililitros de agua hirviendo en el precipitado del filtro y se guardan en un tubo de ensayo. Sujeto a una pinza, con cuidado, calentamos el tubo hasta hervir, volviéndolo a filtrar el número de veces necesario para separar todo el plomo del precipitado
8. Separamos una pequeña cantidad del líquido filtrado, donde se encuentra depositado el plomo, el cual colocaremos en una placa de toques sobre la que deslizaremos dos gotas de yoduro de potasio, KI 0,5 M. La aparición de precipitado amarillo de yoduro de plomo (II), PbI_2, confirma la presencia de plomo que se ha separado de la plata que se encuentra en el filtro, al cual añade 1 mL de NH_4OH 2 M. Al líquido centrifugado se adicionan 4 o 5 gotas de HNO_3 2 M hasta acidez. El precipitado blanco que se forma certifica la presencia de AgCl.

Conclusiones:

Investigación de aniones: reconocimiento directo

Objetivos:

Identificación o reconocimiento de aniones en una solución-problema (BO_3^{3-}, I^-, CO_3^{2-}, $Cr_2O_7^{2-}$, MnO_4^-, $S_2O_3^{2-}$, SO_4^{2-}, $Fe(CN)^{3-}$, $Fe(CN)^{2-}$).

Material:

- Cápsulas de porcelana (crisoles), placa de toques, cuentagotas, vidrio de reloj, tubos de ensayo, varillas, soportes, sistema de calentamiento, papel pH o pH-metro, papel de filtro y sistema de filtro.
- Reactivos: metanol, ácido clorhídrico diluido, hidróxido de bario, peróxido de hidrógeno (agua oxigenada) al 3%, éter etílico[2], nitrato de plata 2 M, cloruro de bario 0,5 M, sal de Mohr (sulfato amónico de hierro (II) hexahidratado, H_2SO_4 concentrado, cloruro de hierro (III) hexahidratado al 2,5%, nitrito de sodio sólido, solución acuosa de almidón al 1%, ácido clorhídrico 2 M, indicador pH.
- Soluciones preparadas para la investigación de aniones (soluciones-problema).

Método:

BORATO

1. Coloca en un crisolito de porcelana una pequeña fracción del problema original bien homogeneizada si contiene precipitado.
2. Se agregan dos gotas de agua y otras dos de ácido sulfúrico concentrado.
3. Añade cinco gotas de metanol y enciende, con las debidas precauciones, utilizando un fósforo de seguridad. La aparición de llama color verde esmeralda en los bordes indicará la presencia de boratos.

---

2 El **éter etílico** (también conocido como éter dietílico o simplemente éter) es un líquido incoloro muy volátil (P. E. 34,6°C), extremadamente inflamable y explosivo. Hay que trabajar en vitrina extractora de gases, adoptando las debidas precauciones.

YODURO

1. En un tubo de ensayo, si el problema no es ácido se acidula con HCl 2 M.
2. En una placa de toques se depositan cinco gotas del problema, después dos cristalitos de nitrito de sodio, $NaNO_2$, sólido y una gota de solución acuosa al 1% recientemente preparada de almidón soluble. La aparición de color azul marino implica la presencia de yoduro.

CARBONATO

1. Prepara una solución saturada de hidróxido de bario en agua (3,5% porcentaje de $Ba(OH)_2$).
2. En un crisolito se añaden cuatro gotas de la solución investigada.
3. Agrega ácido clorhídrico diluido hasta acidez[3].
4. Deposita una gota de solución filtrada del hidróxido de bario recientemente obtenida con las debidas precauciones, en un vidrio de reloj que colocarás encima del crisolito.
5. Si el hidróxido de bario (agua de barita) adquiere un aspecto turbio, se confirmará la existencia de carbonatos debida a la formación de $BaCO_3$.
   Nota: no pueden existir carbonatos en problemas ácidos o un poco ácidos.
   El anión carbonato es incompatible –en problemas líquidos– con cationes pesados, exceptuando los cationes que dan lugar a complejos solubles con el ion CO_3^{2-}.

DICROMATO

Solo lo investigaremos en el caso de que la solución-problema sea ácida.

1. En una vitrina (campana) de gases, introducir con cuidado en un tubo de ensayo 3 gotas de peróxido de hidrógeno (agua oxigenada) al 3% y 7 gotas de éter etílico.
2. Agregar al tubo, muy lentamente y agitando con precaución, gotas de la solución-problema ácido.
3. Si la capa de éter (capa etérea) se colorea de azul, implica la presencia de dicromato.
   Nota: no olvidar las precauciones que hay que tomar siempre que se trabaja con éter etílico.

PERMANGANATO

Para realizar esta prueba, es necesario que la solución investigada sea neutra o ligeramente ácida.

1. Sobre una tira de papel de filtro derramamos, con cuidado, una gota de solución-problema. Si se forma en el centro una mancha de color pardo, claro u oscuro (según el porcentaje de ion permanganato en la muestra) confirmará la presencia de permanganato en la solución-problema.
2. Si la mancha aparece rodeada de otra de color amarillo, nos informará también de la presencia de ion cromato o ion dicromato.

TIOSULFATO

Comprueba que la solución investigada es neutra o alcalina.

1. En un tubo de ensayo, derrama cinco gotas de la solución-problema, agrega nitrato de plata 2 M hasta que no precipite más, dejándolo sin tocar hasta que se deposite teniendo mucho cuidado de no calentar.
2. Si el aspecto del precipitado se va oscureciendo progresivamente hasta presentar color negro, indicará la presencia de tiosulfato en la solución.

---

3 Para controlar la presencia de sulfito en la solución investigada, entonces, lo que se hace es añadir dos gotas de agua oxigenada (al 3%) a cuatro gotas de la solución-problema y, a continuación, ácido clorhídrico hasta acidez. El agua oxigenada tiene por finalidad oxidar el sulfito (que daría una reacción análoga al ion carbonato).

SULFATO

1. En un tubo de ensayo introducimos con una pipeta una pequeña cantidad (0,5 mL) de solución-problema, añadimos 4 o 5 gotas de cloruro de bario 0,5 M y lo sujetamos a un soporte con una pinza.
2. Colocar un vaso de precipitados como baño de agua (baño maría) debajo del tubo de ensayo durante unos minutos.
3. Si al cabo de ese tiempo se forma un precipitado blanco y arenoso al que le cuesta un tiempo acumularse en el fondo y que comprobamos con precaución, que no se disuelve en HCl diluido a ebullición, confirmará la presencia de sulfato.

FERRICIANURO

1. En una placa de toques añade 4 o 5 gotas de solución preparada (neutra), un cristal de sal de Mohr y gotas de HCl 2 M hasta acidez. La formación de un precipitado azul oscuro confirma la presencia de ferricianuro.
   Sal de Mohr es un compuesto inorgánico (sulfato de hierro (II) y amonio hexahidratado) utilizado en análisis químico.

FERROCIANURO

1. En una placa de toques, vierte 4 o 5 gotas de la solución a investigar y añade HCl diluido hasta acidez, en el caso de que originariamente la solución sea neutra.
2. A continuación, derrama sobre la mezcla dos gotas de solución de cloruro de hierro (III) hexahidratado al 2,5%, si aparece un precipitado azul oscuro implica la presencia de ferrocianuro.

   Nota: el agua oxigenada (solución acuosa de H_2O_2) evita que el sulfito perturbe la identificación del carbonato.

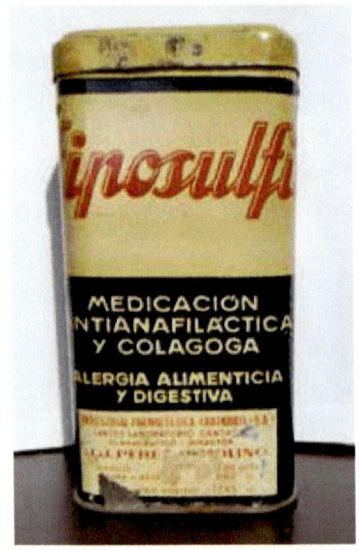

Ind. Farmacéutica Cantabria S. A.

Separación de aniones

Objetivos:

En una mezcla de diversos productos, separar los aniones presentes en la misma, (SO_4^{2-}, Cl^-, I^-).

Material:

- Tubos de ensayo, pipetas.
- Sistema de filtro (semimicro-filtro).
- Varilla (agitador) y cuentagotas.
- Vasos de precipitados.
- Soportes pinza, nuez, erlenmeyer.
- Papel indicador pH.
- Reactivos: Na_2SO_4, KI, $NaCl$, $Ba(NO_3)_2$ 0,5 M, HNO_3 2 M, NH_4OH 2 M, $AgNO_3$ solución 0,1 M).

Método:

1. Preparación en un vaso de precipitados de 9 mL de una solución de sulfato de sodio, yoduro de potasio y cloruro de sodio, agitando cuidadosamente con la varilla.
2. Con una pipeta introducimos en un tubo de ensayo 5 mL de la solución recientemente preparada.
3. Añadimos gotas de nitrato de bario 0,5 M y dejamos precipitar del todo.
4. Filtramos; en el precipitado se separan los iones SO_4^{2-} (sulfato) y en el líquido resultante del filtrado tendremos una mezcla de cloruros y yoduros.
5. Una vez separados los iones sulfato, vamos a separar, con las debidas precauciones, los cloruros de los yoduros, para lo cual agregamos al líquido filtrado en el apartado anterior, gotas de ácido nítrico 2 M hasta que la solución adquiera carácter ácido, dato que confirmaremos con el papel indicador.

    A continuación, cuidadosamente, añadimos gotas de nitrato de plata, esperando la consiguiente formación completa de un precipitado blanco-amarillento.
6. Filtramos.
7. Derramamos gota a gota amoníaco (hidróxido de amonio) 2 M sobre el precipitado del filtro. Se disolverá el cloruro de plata en el amoniaco y se deslizará disuelto en él hacia el vaso de precipitados situado debajo del sistema de filtro (cloruro de plata, color blanco).
8. El precipitado que queda en el filtro es de AgI (yoduro de plata, amarillo).

Conclusiones:

Sublimación

Existen perfumes sólidos debido a que, al igual que los líquidos, los sólidos también presentan una cierta tendencia a pasar al estado vapor, aunque esta tendencia sea menor en los sólidos. A veces las moléculas de un cristal pueden vibrar muy rápidamente, venciendo las fuerzas cristalinas y de cohesión y así escapar como moléculas gaseosas, esto es, el **sólido se sublima** (paso directo de sólido a gas).

También se puede dar el proceso inverso que se llama **deposición** (paso directo de gas a sólido),

Se conoce también como **sublimación inversa**.

La sublimación, lo mismo que la vaporización, se favorece con un incremento de temperatura y con una disminución de presión.

Sólidos con esta propiedad: ácido benzoico, yodo, naftaleno, nicotina, etc.

Sublimado corrosivo: cloruro de mercurio (II), $HgCl_2$., veneno violento cuyo uso interno ocasiona la muerte al obstruir la función del riñón por progresivo deterioro de sus células.

Se obtiene por sublimación de la mezcla de sulfato de mercurio (II), $HgSO_4$, con cloruro de sodio, NaCl. La ingestión del sublimado corrosivo imposibilita la eliminación de productos de desasimilación (urea, etc.) provocando la muerte por autointoxicación.

Antiguamente, en disoluciones diluidas, se llegó a utilizar como antiséptico e insecticida aunque, más tarde, se descartó por su acusada toxicidad.

Objetivos:

Separar el ácido benzoico de una mezcla de sustancias y, después, confirmar su identificación.

Material:

Frasco lavador, tubos de ensayo, cápsulas de porcelana, sistema de filtro, vasos de precipitados, erlenmeyer, morteros con mano, vidrio de reloj, cuentagotas, soporte, nuez, aro, rejilla, pinzas, espátula, varilla, mechero de laboratorio y balanza analítica.

Papel de filtro, sal común (NaCl), ácido benzoico (C_6H_5-COOH), arena de playa (arena lavada), $NaOH_{(ac)}$ y hielo (cubitos)

1. Pesa el vidrio de reloj y el vaso de precipitados y anota los datos.
2. Pesa 1,8 gramos de sal (NaCl) y otros tantos de arena mojada y la misma cantidad de ácido benzoico.
3. Se trituran por separado en el mortero, después se mezclan y se deposita, a continuación, dicha mezcla en un vaso de precipitados.

4. Realizaremos el siguiente montaje en la vitrina (campana) de gases en un soporte con nuez, aro y rejilla, colocaremos el vaso de precipitados con la mezcla seca.
5. Taparemos el vaso de precipitados con una cápsula que contiene agua fría con piedras (cubitos) de hielo que actúan de refrigerantes.

     Debajo de la rejilla colocamos el mechero, el cual encenderemos para que vaya calentando siempre suavemente el vaso.
6. El ácido benzoico, por efecto del calor, sublima (pasa directamente de sólido a gas) y se va acumulando en la cara exterior-inferior de la cápsula.
7. Cada cierto tiempo cuando veamos que ya se ha acumulado una cierta cantidad de ácido benzoico en la cápsula, apagamos y apartamos con cuidado el mechero, quitamos, con las debidas precauciones, la cápsula y tapamos la boca del vaso de precipitados con una rejilla de tamaño suficiente u otra cubierta o tapa adecuada que evite el consiguiente desprendimiento de gases corrosivos. A continuación con la espátula y con cuidado separamos el ácido benzoico de la parte inferior de la cápsula recogiéndolo en un vidrio de reloj, cuyo peso ya conocemos.
8. Esperamos que se enfríe, agitar suavemente un poco el vaso de precipitados con la varilla y repetimos el apartado 5, calentando suavemente, para conseguir más cantidad de ácido benzoico y así hasta que no se formen más cristales en el fondo de la cápsula.
9. Pesamos la cantidad de ácido benzoico que se ha ido acumulando en el vidrio de reloj, mientras dejamos que se enfríe el vaso de precipitados hasta temperatura ambiente.
10. Para separar los dos componentes que quedan en la mezcla, aprovecharemos la propiedad de la sal que es soluble en agua y la arena no lo es. Añadiremos agua destilada suficiente, la cual disolverá parte de la mezcla (sal); filtramos la solución obtenida en un embudo con papel de filtro, recogiendo el líquido filtrado en un erlenmeyer, lavando el vaso con un poco de agua destilada hasta que no quede nada de arena.
11. El papel del filtro con la arena se recoge cuidadosamente y se pone a secar y, una vez seco, se pesa con la arena seca. Se separa la arena con la espátula y se pesa el papel y ya podremos calcular el peso de la arena recuperada.

     También se puede pesar el papel de filtro antes de utilizarlo y así podremos confirmar con más precisión el peso de la arena recuperado.
12. El líquido filtrado se vierte en una cápsula (de peso conocido) que se coloca en un soporte con rejilla encima del mechero, el cual va calentando, poco a poco, la cápsula hasta sequedad, teniendo cuidado que al final del calentamiento hacerlo con precaución para evitar pérdida de materia. Una vez seca la sal, calcularemos la cantidad de la misma recuperada.

Conclusiones:

Separar el ácido benzoico de una mezcla de sustancias y, después, confirmar su identificación.
1. Realiza una valoración del rendimiento de la operación en tanto por ciento y completa la tabla siguiente:

Componente de la mezcla	Masa inicial	Masa final	Rendimiento (porcentaje)

2. En un tubo de ensayo añade una pequeña cantidad del ácido benzoico seco obtenido anteriormente y agrega, muy lentamente y con las debidas precauciones, unas gotas de hidróxido de sodio en solución acuosa. Obtendremos benzoato de sodio y agua según la reacción de neutralización:

$$C_6H_5 - COOH_{(s)} + NaOH_{(ac)} \longrightarrow NaC_6H_5CO_{2(s)} + H_2O_{(l)}$$

Explica e interpreta el proceso químico realizado.

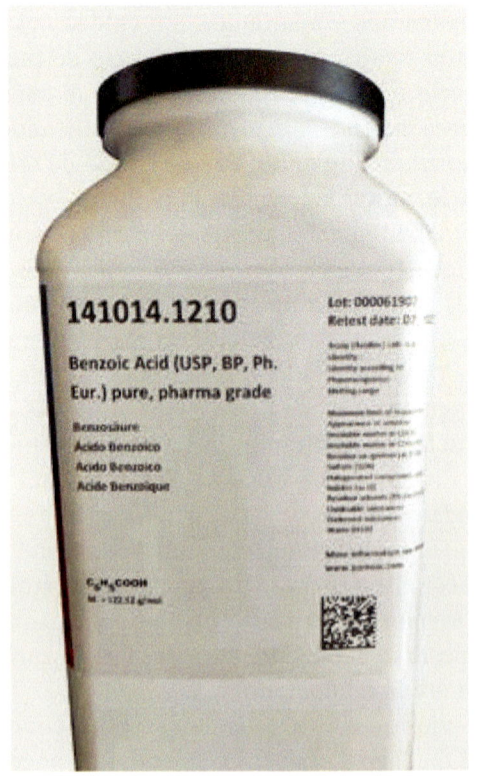

AppliChem Panreac

Destilaciones:
grado de alcohol de un vino

Destilación es la separación por medio de calor de una sustancia volátil de otras más fijas: *destilación de whisky* (definición del diccionario de la RAE).

En Química definiremos destilación como el proceso de separación de los distintos componentes de una mezcla líquida por la acción del calor, esto es, la destilación es un proceso de separación por calentamiento de los distintos componentes de una mezcla líquida según sus diferentes puntos de ebullición. Estos vapores se recuperan por condensación al estado líquido en un recipiente adecuado.

Con esta técnica podremos purificar un líquido o separar los componentes de una mezcla.

La destilación es uno de los métodos más antiguos de separación de sustancias, los egipcios lo utilizaban para separar esencias de flores y otros vegetales mientras que los chinos obtenían alcohol de los arroces. Los árabes perfeccionaron la tecnología destiladora introduciendo el alambique, que facilitó la obtención del alcohol, al que llamaron *espíritu del vino*. Arnau de Vilanova fue un médico y alquimista catalán nacido en Villanueva de Jiloca (Zaragoza) en 1245, cuyas obras (entre ellas *Liber Aqua Vitae* que explicaba los secretos de la destilación) publicadas doscientos años más tarde alcanzaron gran difusión. En el siglo XVII, se consiguió mediante la rectificación (proceso de destilación fraccionada) de alcoholes, eliminar los malos olores que se desprendían en el proceso, iniciándose así la destilación moderna que se potenciaría en el siglo XIX y en el que se establecería las bases de la destilación actual.

Destilación simple: separar un líquido de un sólido, o bien, dos líquidos de punto de ebullición muy diferenciados.

Objetivos:

Calcular experimentalmente con la máxima fidelidad posible el porcentaje de alcohol en un vino.

Los alumnos repartidos en grupos, cuyo número depende de las condiciones del laboratorio, realizarán la práctica y comunicarán el resultado obtenido. Una vez todos los grupos hayan concluido la experiencia, se destapará la tirita que el profesor habrá pegado en la botella del vino investigado para ocultar el grado alcohólico que figura en la etiqueta, confirmándose así el grupo de alumnos que más se ha acercado al dato del perfil indicativo.

Material:

- Termómetro de rango suficiente, soportes, nueces, rejilla, arilla, pinzas, tapón horadado, dos tubos de goma moldeable, tubo refrigerante y matraz de destilación.
- Sistema de calentamiento (mechero de laboratorio, etc.).
- Vasos de precipitados o tubos de ensayo, probetas y alcoholímetro (alcohómetro).
- Vino.

Método:

1. En el matraz, antes de iniciarse el proceso, se han introducido unas porciones de porcelana porosa o de vidrio para regular la ebullición, y después se ajusta el tapón horadado provisto de termómetro.
2. Con una pinza se sujeta el matraz –que contiene 100 mL de vino– al soporte, mientras que el fondo del mismo es sostenido por la rejilla colocada encima de otra pinza sujeta también al soporte.
3. Debajo de la rejilla se coloca el fogón a una distancia adecuada de la misma.
4. El matraz de destilación tiene una salida lateral en forma de tubo al que se le acopla el refrigerante sujeto por una pinza a otro soporte. El extremo inferior del refrigerante se apoya en el borde de un vaso de precipitados que contiene unos mililitros de agua. Este volumen de agua es necesario ya que las primeras gotas de la destilación llevan una gran cantidad de alcohol que se perdería si no se disolviera en ella. Después se separa con cuidado un poco el vaso para que el refrigerante no se introduzca en el alcohol destilado.
5. El agua de refrigeración debe entrar por la parte inferior del refrigerante a través de un tubo de goma que está conectado al grifo de la pila (desagüe) y debe salir por un tubo de goma conectado a la salida superior del refrigerante, el cual llevará el agua al desagüe. (Ver figura).
6. Cuando el equipo de destilación está montado, se enciende el mechero y se mantiene con una llama corta para que se vaya calentando lentamente y al alcanzar los 80°C aproximadamente; comienza a hervir, a partir de entonces hay que controlar la temperatura procurando que no suba mucho, para lo cual se retirará intermitentemente el mechero cuando sea necesario, manteniéndose por debajo de los 100°C y cuando se acerca a esa temperatura, apagar el mechero y dejar enfriar. El destilado que se va acumulando en el vaso de precipitados es una mezcla de alcohol y agua destilada. Se recoge el destilado (algo más de 50 mL) y se termina la destilación. El destilado se introduce en la probeta enrasando con agua hasta 100 mL de altura de la probeta, agitándola con cuidado después.
7. Sumerge lentamente el alcoholímetro en la probeta, observa con el ojo en línea recta con el nivel y anota el resultado de la altura alcanzada por el alcoholímetro, evitando todo lo posible errores en la medición.
8. En vez de recoger el alcohol destilado en un vaso de precipitados, el proceso también se puede hacer recogiendo (con las debidas precauciones para que no se pierda líquido) el alcohol destilado en tubos de ensayo situados en una gradilla, procurando haber derramado en el primer tubo algo de agua para así aprovechar el máximo volumen de alcohol separado del vino. (Ver figura).
9. Los tubos de ensayo con el alcohol destilado se derraman, con cuidado, en la probeta y se procede de forma análoga.

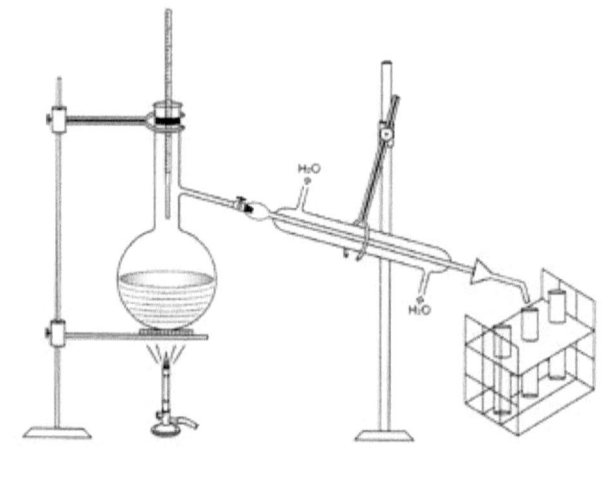

Esquema de destilación simple

Conclusiones:

Explica y razona el proceso de destilación simple.

Destilaciones: separación de una mezcla de etanol y agua

Objetivos:

La destilación simple permite separar líquidos de puntos de ebullición muy separados, pero si tenemos una mezcla de líquidos de temperatura de ebullición muy aproximada, entonces su separación habrá que hacerla mediante una destilación fraccionada. En esta práctica se realizará la destilación fraccionada de una mezcla de etanol y agua.

Temperaturas de ebullición $\left\{\begin{array}{l} \text{•Etanol 78 °C} \\ \text{•Agua 100 °C} \end{array}\right.$

Material:

– Matraz de 250 mL y tubo refrigerante, termómetro de rango suficiente, columna de fraccionamiento, sistema de calentamiento (ver punto 6, página 42), soportes, pinzas, aros y rejilla, vasos de precipitados y probetas.
– Etanol (Alcohol 96°).

Metodo:

1. En el matraz de 250 mL, en el cual has introducido fracciones de porcelana porosa (agiliza la ebullición homogénea), se añaden 190 mL de una mezcla de alcohol (etanol) y agua destilada en la misma proporción (50% de cada compuesto).
2. Se realiza el montaje semejante al efectuado en la práctica de la destilación simple, pero intercalando entre el matraz y el refrigerante una columna de destilación o fraccionamiento. La columna tiene una salida lateral que se acopla con el refrigerante sujeto en un soporte. (Ver figura).
3. En la parte superior de la columna se ajusta el termómetro con un tapón horadado. En la parte inferior del refrigerante se colocará el vaso de precipitados sujeto en un soporte, trípode u otra base adecuada.
4. Se inicia el calentamiento siempre moderado del matraz y se anota la temperatura cuando empiezan a caer gotas al vaso de precipitados. Procurando que la temperatura no varíe, se observa que este

goteo continuará durante un cierto tiempo, pero al aumentar la temperatura cesa el goteo de alcohol, entonces se aparta el vaso (que contiene sólo alcohol) y se sustituye por otro donde se va acumulando una mezcla de agua con una pequeña cantidad de alcohol.

5. Cuando el termómetro marca 100°C, se reemplaza el vaso anterior por otro en el que sólo se depositará agua, que indicará el fin de la destilación. Apagar el mechero y dejar enfriar.

6. **Si se trata de destilación de sustancias inflamables, como en esta práctica –aunque en el gráfico adjunto se incluye un mechero de laboratorio– se aconseja por razones de seguridad en el laboratorio, la utilización como sistema de calentamiento el baño de agua (baño maría), o bien la manta calefactora o de calentamiento u otro procedimiento adecuado que suministre una temperatura estable, uniforme y segura a recipientes de base de forma redondeada que se suelen utilizar en destilación, biología, etc.**

    Nota: se conoce como rectificación al proceso de purificación de un líquido por destilación fraccionada.

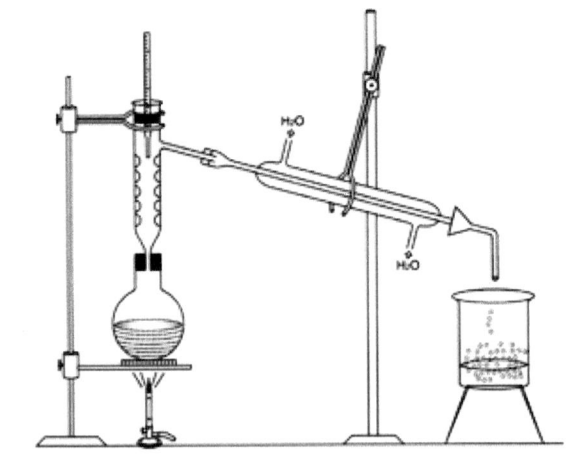

Esquema del proceso de destilación fraccionada

Decía el escritor Francisco Umbral que «*el petróleo era al siglo xx algo así como lo que fue Dios en la Edad Media*». La verdad es que cuando el coronel E.L. Drake abrió, en 1857, su pozo petrolífero en Titusville (Pensilvania) no se percató de la importancia que, con el paso del tiempo, adquiriría el negruzco líquido que surgía de la perforación. El petróleo es el resultado de la lenta acción ejercida por los condicionamientos geológicos sobre restos de animales y vegetales y que después de diversos procesos se transforma en combustible para todo tipo de vehículos y aeronaves, lubricantes y multitud de sustancias petroquímicas. El término petróleo procede de dos vocablos latinos: petra (piedra) y oleum (aceite).

Actividades:

Consulta información y redacta un estudio teórico sobre la destilación del petróleo.

Extracción

Separación de uno o más componentes de una mezcla por medio de un disolvente (solvente). También podemos definir extracción como la separación de un constituyente de una mezcla por solubilidad selectiva.

Una extracción correcta implica la adecuada elección de un solvente que solo disuelva la sustancia que vamos a extraer y que no sea miscible con los otros componentes de la mezcla.

La extracción se clasifica en dos grupos:

- *Extracción líquido-líquido* (*extracción discontinua*): la sustancia a extraer de la solución líquida se separa mediante un disolvente líquido inmiscible en la solución (las fases líquidas son la acuosa y la orgánica).
- *Extracción sólido-liquido (extracción continua o lixiviación)*: tiene lugar cuando se separan uno o más componentes de una mezcla sólida utilizando un disolvente líquido.

Al ponerse en contacto el solvente con el sólido, este cede soluto al disolvente, el cual, al llegar a la saturación se separa por filtración del sólido restante.

La extracción se suele utilizar para separar compuestos orgánicos de las soluciones acuosas en las que se encuentran aplicaciones industriales de la extracción: recuperación de ciertos componentes (por ejemplo, cobre de soluciones amoniacales), separación de antibióticos (industria bioquímica y farmacéutica), eliminación de productos desechables, etc.

Objetivos:

Determinación de colorantes artificiales en los vinos.

Material:

- Vasos de precipitados, probeta, sistema de filtro (embudo de decantación de tamaño suficiente), agitador (varilla), pipeta de Pasteur, pipeta de gotas.
- Vino, amoníaco, 1-pentanol (alcohol n-amílico) papel indicador pH.

Método:

1. Derrama cuidadosamente 22 mL de vino en un vaso de precipitados.
2. Agrega lentamente gota a gota amoníaco hasta comprobar su alcalinización.
3. A continuación, sumerge la mezcla en el embudo de decantación y añade 7 mL de alcohol amílico (1-pentanol).
4. Espera un rato para que se vaya separando la capa de 1-pentanol. Observar las capas que ya se han formado.

5. La aparición de coloración roja en la capa de alcohol amílico denota que contiene colorantes artificiales.

Nota: a lo largo del texto, en alguna práctica se utilizará el procedimiento de extracción para separar componentes de mezclas.

Extracción del yodo del mar

Cuando una sustancia es hidrófoba (poco soluble en agua) y muy soluble en un disolvente orgánico se puede facilitar su extracción y así aprovechar una sustancia que reúne estas propiedades como, por ejemplo, el yodo, el cual se encuentra en las aguas marinas en un pequeño porcentaje y que, como sabemos, es hidrófobo (poco soluble en agua) y muy soluble en un disolvente orgánico (como tetracloruro de carbono). Estas propiedades facilitan la extracción del yodo del agua marina con tetracloruro de carbono; al separar el yodo y después eliminar el disolvente orgánico por evaporación se podrá utilizar este elemento en sus variadas aplicaciones: antiséptico suave (disolución en etanol conocida como tintura de yodo), fabricación de productos farmacéuticos, fotografía, catalizador, nutrición, yoduros, análisis químicos, materias colorantes, etc.

Adsorción

Este fenómeno consiste en que las fuerzas entre los elementos materiales que constituyen una sustancia no están compensadas en su superficie, por lo que pueden unirse a la misma átomos, iones o moléculas que se hallan en el medio en el que se encuentra dicha sustancia. Los átomos, iones o moléculas (sólidos, líquidos o gases) que se acumulan en la superficie que separa dos sustancias forman el adsorbato y la sustancia que adsorbe se conoce como adsorbente (sólido o líquido).

Quimisorción (adsorción química): Cuando se trata de una capa de átomos, iones o moléculas unidas a la superficie del adsorbente por, además de fuerzas físicas, también por enlace químico resultante de reacciones químicas.

Fisisorción (adsorción física): Cuando las partículas adsorbidas están unidas a la superficie del adsorbente por fuerzas físicas.

Cuanto más irregular y extensa sea la superficie de contacto, habrá más adsorción.

En los procesos de superficies límites más conocidos (gas-sólido, líquido-líquido, líquido-sólido y sólido-sólido), en Química Analítica el más frecuente es la precipitación de un sólido en un líquido.

En Química Analítica Cualitativa, los fenómenos de adsorción se utilizan en técnicas como:

1. Cromatografía (separación de sustancias por adsorción selectiva debida a la migración diferencial por conducto de las fases con las que observan similitudes (afinidades).
2. Procesos de identificación o separación:
   a. identificación: coloración
   b. separación: eliminación de iones

La estrategia de separación de componentes que se utilizan de los innecesarios se aplica en ciertas industrias como la del petróleo.

El carbón activo (pulverizado que se obtiene del carbón vegetal) presenta una forma amorfa con una superficie porosa, cuya estructura interna en condiciones adecuadas adquiere un gran poder de adsorción.

Otros agentes adsorbentes son el carbonato de calcio, talco, almidón, etc.

Objetivos:

Investigación del poder adsorbente del carbón activo (activado).

Material:

- Vasos de precipitados, probeta, vidrio de reloj, mechero de laboratorio, soportes, nuez, aro, pinzas, varilla, embudo con papel de filtro, espátula y balanza analítica.
- Carbón activo (activado) en polvo, carbón activo granulado, vino tinto.

Método:

1. Mide 45 mL de vino tinto con la probeta.
2. Pesa en la balanza 1,5 gramos de carbón activo (activado) en polvo.
3. Derrama cuidadosamente el vino y después el carbón activo en el vaso de precipitados, agítalo cuidadosamente durante unos minutos y déjalo reposar durante unos 40 minutos.
4. Filtrar utilizando un filtro de papel y recoger el líquido filtrado en un vaso de precipitados.
5. Repite el proceso con carbón activo granular.

   Manipula las soluciones con las debidas precauciones (gafas, etc.) para evitar proyecciones y salpicaduras.

   Contraanálisis: Verificación con el espectrofotómetro antes y después del contacto líquido-adsorbente (Barrido de longitudes de onda. Ver Espectrofotometría).

Conclusiones:

a. Anota e interpreta los datos observados.
b. Concepto claro de absorción y adsorción, ejemplos:

Adsorción: formación de una capa de gas, líquido o sólido en la superficie de un sólido, aunque, más a menudo, suele ser en un líquido. También se puede definir como un proceso de acumulación de partículas (moléculas o iones) en la superficie que se encuentra entre dos sustancias.

Absorción: proceso de penetración de una sustancia en la estructura interna de otra.

Ejemplos: a) un gas en un líquido

b) un líquido en un sólido

En Física se define absorción como la transformación de la energía de radiación electromagnética, haces de partículas, etc., en otras formas de energía al pasar a través de un medio.

Cromatografías

Método de análisis de mezcla de gases, líquidos o sustancias disueltas que consiste en la separación de los componentes. Fue el ruso M. Tsweet (1906) el primero que investigó la separación de sustancias disueltas en un mismo disolvente (eluyente). En este tipo de cromatografía (**cromatografía en columna**), los pigmentos de una planta se separaban dando lugar a bandas coloreadas mientras se movían por la columna a diferentes velocidades. No se hizo mucho caso al invento de Tsweet y tuvieron que pasar algunos años hasta que fuera actualizado por el alemán R. Willstätter (Premio Nobel de Química 1915 por sus investigaciones sobre los pigmentos vegetales, especialmente la clorofila).

$$
\text{Tipos de cromatografía}
\begin{cases}
\bullet \text{ plana} \begin{cases} \bullet \text{ capa fina} \\ \bullet \text{ sobre papel (CP)} \\ \bullet \text{ electrocromatografía} \end{cases} \\
\bullet \text{ de gases} \\
\bullet \text{ de columna}
\end{cases}
$$

En la actualidad, en la investigación analítica se suelen utilizar técnicas muy avanzadas como, por ejemplo, la cromatografía líquida de alta eficacia (HPLC) y la cromatografía de gases (GC-MS) pero cabe señalar que en laboratorios analíticos que no requieren mucha infraestructura en su equipamiento, se suelen utilizar también las cromatografías más básicas.

Cromatografía sobre papel (CP)

A) Separación de los componentes de una tinta

Objetivos:

Investigación de los componentes químicos que hay en una tinta y también determinar si hay algún componente común en diferentes tintas.

Material:

- Papel de filtro, tijeras, alcohol, discos de algodón (sanitario, desmaquillador, etc.).
- Recipientes: vasos de precipitados, vasos de vidrio.
- Bolígrafos y rotuladores de diferentes colores.
  (El papel de filtro está formado por fibras de celulosa).

Método:

1. Corta un trozo de papel de filtro de forma cuadrada que tenga una superficie suficiente como para tapar completamente el vaso o recipiente.

   Con la regla dibuja un cuadro en el centro del papel y rellénalo con el color que prefieras.
2. Corta con cuidado, utilizando las tijeras un orificio en el centro del cuadro.
3. Coge un disco de algodón y lo vas desmenuzando formando una tira o cordón fino y alargado de algodón, la cual introducirás en el orificio del papel de filtro (fase estacionaria) procurando que, por la parte coloreada sobresalga un poco y el resto de la fibra o filamento se introduce en el recipiente –en el cual ya se han agregado 48 mL de alcohol (fase móvil)– con la longitud suficiente para que llegue sobradamente al fondo del vaso y pueda dar una vuelta al círculo.
4. El disolvente (alcohol) va ascendiendo por capilaridad (ver definición en Introducción) por el cordón de algodón hacia el papel, llevándose consigo a los componentes de la tinta investigada. Cada uno de ellos se desplaza a distinta velocidad, según la intensidad con que es absorbido por la celulosa que contiene el papel.

Actividades:

El experimento se repite con otras tintas comprobando si hay o no algún componente común.

B) Extracción y separación de pigmentos

Obtención de dos importantes pigmentos de las plantas y separación de los mismos:

Clorofila: miembro de un grupo de pigmentos que colorean de verde a la mayoría de las plantas y que tienen una influencia fundamental en la fotosíntesis (transformación de energía lumínica en energía química).

Xantofila: pigmento vegetal amarillo, a veces marrón, perteneciente al grupo de carotenoides que acompaña a la clorofila en gran parte de los vegetales.

Material:

– Papel de filtro y sistema de pesar.
– Mortero con mano, vidrio de reloj o cápsula de Petri, tubos de ensayo, cuentagotas o pipetas y tijeras.
– Espinacas recién contadas.
– Alcohol y acetona.

Método:

Extracción de pigmentos

1. Cortar la espinaca en pequeñas porciones y pesar unos 22 gramos de la misma.

   Introducirla en el mortero añadiendo un poco de alcohol y un poco de arena limpia que favorece el desmenuzamiento.
2. Triturarla hasta obtener unos mililitros de líquido y verterlo, con cuidado, en un tubo de ensayo. Hay que procurar que el extracto sea lo más verde posible ya que así la concentración de pigmentación será mayor.

Separación de los pigmentos

3. Corta un cuadrado de papel de filtro y colócalo encima de un vidrio de reloj o cápsula de Petri. Extrae una gota de líquido del tubo de ensayo utilizando un cuentagotas o pipeta y deposítala en el papel de filtro para que se seque.

4. Repite dos veces fielmente el paso anterior, esto es, coloca la gota de extracto encima de donde está situada la anterior y déjala secar. En total 3 gotas de líquido (extracto) y a esperar que se seque.

5. Añade con el otro cuentagotas o pipeta, lentamente, 2 o 3 gotas de acetona teniendo en cuenta que se depositen encima del núcleo de la gota.

Espera un minuto y observarás que van circulando por el papel de filtro –completamente diferenciadas– dos zonas: verde (clorofila) y amarilla (xantofila) formando el correspondiente cromatograma.

Cromatograma: registro de una cromatografía, que puede ser cromatografía de papel o bien cromatografía de capa fina o también el gráfico correspondiente a una cromatografía de gases.

CROMATOGRAFÍA EN CAPA FINA

Tiene el mismo fundamento que el de la cromatografía de papel, pero lo que se utiliza en este caso como fase estacionaria es una capa fina de un sólido adsorbente (gel de sílice) sobre una placa de vidrio, poliéster, etc.

La mancha que se va a investigar se sitúa en un extremo de la placa, la cual se encuentra en el recipiente (vaso) que contiene disolvente, cuyo nivel está por debajo de la mancha que contiene la mezcla de sustancias que vamos a separar, El disolvente inicia el ascenso, por capilaridad, a través de la capa fina separando los distintos componentes de la mezcla según su adsorción sobre el sólido.

COLUMNA CROMATOGRÁFICA

En ella se produce la separación o concentración de uno o más componentes de forma que la posición donde quedan retenidos depende de la velocidad de cada componente.

Cuestiones:

Explica y razona el proceso de extracción y separación de ambos pigmentos.

Intercambio iónico

Objetivos:

Se conoce como **intercambio iónico** al proceso en que un ion de un compuesto se cambia por otro.

Definiremos **resinas de intercambio iónico** a materiales sintéticos con elevada masa molecular formados por copolímeros (macromoléculas compuestas por monómeros) que presentan estructuras tridimensionales entrecruzadas, las cuales se unen por grupos iónicos. El copolímero (formado por minúsculas bolitas) intercambia iones por otros iones suministrados por una solución que pasa a través de ellos.

El intercambio iónico se utiliza en purificación de aguas potables, aguas residuales, hidrometalurgia, petroquímica, empresas farmacéuticas etc.

A continuación, nos iniciaremos en la investigación experimental de resinas intercambiadoras de iones.

Material:

- Columnas de intercambio iónico, lana de vidrio, resina de intercambio de aniones, resina de intercambio de cationes, vasos de precipitados, tubos de ensayo, soportes y varilla.
- Amoníaco, ácido oxálico 0,5 M, nitrato de plata 0,1 M.

Método:

PREPARACIÓN DE LA COLUMNA:

En el fondo de la misma se introduce una pequeña cantidad de lana de vidrio (fibra mineral fabricada con filamentos de vidrio enlazados entre sí por un adherente) u otra sustancia adecuada para impedir el paso de la resina (bolitas de diámetro entre 0,5 mm a 1 mm). A continuación, cuidadosamente, se agrega resina (polímeros cambiadores de iones) por la parte superior de la columna, llenándola hasta la lana de vidrio de la parte inferior de la columna y después el agua investigada se derrama por la parte superior de la columna.

RESINAS ANIÓNICAS

1. Llena con agua de grifo un tubo de ensayo hasta la mitad del mismo. Con cuidado, derrama unas gotas de nitrato de plata 0,1M y observaremos que se ha formado un precipitado blanco debido a la reacción de los cloruros del agua del grifo con el ion Ag^+ del nitrato de plata.

Columna de intercambio iónico

2. Si introducimos agua del grifo por la parte alta de la columna que contiene resina aniónica, la recogemos en un vaso de precipitados y la introducimos hasta la mitad de un tubo de ensayo, no se formará precipitado blanco si repetimos con este líquido la experiencia del apartado 1 ya que la resina elimina los iones Cl⁻, lo cual evita que se forme precipitado de cloruro de plata.

Las resinas aniónicas tienen iones positivos en su estructura por lo que intercambian iones negativos, esto es, las resinas aniónicas eliminan aniones (iones negativos).

RESINAS CATIÓNICAS

1. En un tubo de ensayo lleno hasta la mitad de agua de grifo, derramamos 5 gotas de amoniaco agitando después.
2. Seguidamente añadimos 5 gotas de ácido oxálico 0,5 M y si observamos la formación de un precipitado blanquecino de oxalato de calcio, $Ca(COO-COO)_2$, indicará la presencia de iones calcio.
3. Si pasamos agua de grifo por la columna que contiene resina catiónica, la recogemos en un vaso de precipitados, derramamos parte de ella hasta la mitad de un tubo de ensayo y repetimos los apartados 1 y 2, no aparece precipitado ya que estas resinas eliminan los iones calcio.

Las resinas catiónicas tienen iones negativos en su estructura por lo que intercambian iones positivos, esto es, las resinas catiónicas eliminan cationes (iones positivos).

CONCEPTO DE CROMATOGRAFÍA IÓNICA (IC)

Se trata de un método rápido y preciso, con gran exactitud y selectividad de análisis e investigación de cationes y aniones solubles en soluciones acuosas.

En la cromatografía iónica o de intercambio iónico tiene lugar el intercambio de iones entre la fase sólida estacionaria y la fase móvil líquida (disuelve y transporta los analitos).

Las resinas intercambiadoras de iones son muy utilizadas como fase estacionaria en cromatografía de intercambio iónico, dado que en un experimento de separación se pueden cuantificar numerosos cationes o aniones.

La fase estacionaria presenta en su superficie grupos funcionales de carácter iónico que interaccionan con los iones de carga opuesta que se encuentran en la solución (fase móvil). Conforme se van separando los iones, éstos son localizados por un detector de conductividad y registrados en un cromatograma (Intensidad de la señal del ion/tiempo). También pueden ser detectados por absorción de luz UV.

La cromatografía iónica se utiliza con frecuencia. en el análisis de trazas de iones (concentraciones muy pequeñas de aniones y cationes).

Nota: Las columnas de intercambio iónico serán adecuadas a la didáctica de la práctica.

4.

ANÁLISIS QUÍMICO GENERAL: CUANTITATIVO

Como ya sabemos, la Química Analítica Cuantitativa trata de la determinación de las cantidades de los componentes de la muestra investigada. Esta disciplina establece el método de investigación adecuado para determinar las relaciones cuantitativas en las que se encuentran los componentes de una sustancia, cuya identidad ya la conocemos por el correspondiente análisis químico cualitativo. En según qué circunstancias las cantidades se determinan en tanto por ciento.

El análisis químico cuantitativo tuvo sus iniciadores pioneros, entre otros, en el ruso M. V. Lomonósov, A. L. Lavoisier, el sueco T. A. Bergman, Jean Rey, etc.

El análisis químico cualitativo nos informa del analito que se encuentra en la muestra investigada mientras que el análisis químico cuantitativo nos dice la cantidad de la misma que, según porcentaje, lo denominaremos macrocomponente (proporción igual o superior al 1%), microcomponente (0,01%-0,1%), trazas (< 0,01%, < 100 μgramos por gramo, esto es, < 100 partes por millón) y ultratrazas (< 0,0001%, esto es, μgramo por gramo).

Farmacia Guinart (Barcelona)

Las investigaciones sobre medidas de volúmenes de las soluciones de los gases, propiedades eléctricas, magnéticas, ópticas... diversificaron así los métodos analíticos en químicos, físicos, físico-químicos, computacionales...

En una prueba analítica se denomina **sensibilidad** a la mínima cantidad de sustancia que se puede identificar con precisión y certeza y que viene expresada por la aptitud para detectar con exactitud resultados de valores muy exiguos.

El concepto de **selectividad** alude a la interferencia de unos grupos químicos en la detección o investigación de otros. Ver práctica Investigación de cationes.

MÉTODOS DE ANÁLISIS QUÍMICO CUANTITATIVO:

Gravimétrico: determinación de la cantidad proporcional de un elemento, ion o compuesto que forma parte de la muestra investigada, aislándolo de las otras sustancias que interfieren para así poderlo pesar.

Para medir la cantidad de un componente en una sustancia hay que obtener un precipitado de dicho componente haciéndolo reaccionar con un reactivo adecuado que se añade en exceso para que se forme un compuesto estable, el cual se filtra, después se lava y se pone a secar. Una vez seco, se pesa en la balanza analítica y ya se puede determinar el porcentaje del elemento en la sustancia investigada.

Se entiende por *estequiometría* la proporción de los elementos que forman una sustancia determinada que se conoce como *analito* (parte de la sustancia o muestra que se intenta analizar). También se refiere a las proporciones relativas en las que las sustancias y compuestos reaccionan entre sí.

Volumétrico: análisis cuantitativo para medir volúmenes de líquidos. Se llama *valoración* y consiste en derramar lentamente (gota a gota) desde una bureta un cierto volumen de un reactivo (llamado *valorante*) sobre un volumen conocido de otra sustancia (reactivo) a la que hemos añadido unas gotas de un indicador[4] adecuado y que se encuentra contenida en un vaso de precipitados o erlenmeyer, hasta que se alcanza el punto final (punto de equivalencia) de la reacción y que se advierte cuando el indicador cambia de color. Entonces, como ya conocemos el volumen del *valorante* ya podremos calcular la concentración molar de una de las sustancias, si conocemos la concentración molar de la otra.

El proceso de valoración de una reacción ácido-base se puede representar por una gráfica, **curva de valoración**, en la que aparece la variación del pH con respecto a la concentración del valorante.

Naturalmente, los métodos de análisis químico cuantitativo están en constante evolución con la utilización de técnicas cada vez más avanzadas y sofisticadas.

Actividades:

1. Resolver el siguiente ejercicio en el que figuran elementos traza y ultratraza:

   The New York Times notificaba a principios del siglo xx sobre las experiencias realizadas por el médico de Massachusetts Duncan MacDougall –de las que se hizo eco la prensa en general, como el Boston Sunday Post– que, según el citado doctor, había conseguido determinar el peso del alma, facilitando a continuación el valor numérico en gramos. La sorprendente investigación se basaba en pesar en una balanza adaptada para camas y cuerpos de personas, a las que se pesaba instantes antes de morir e inmediatamente después del deceso. MacDougall comunicó que en todos los experimentos se contabilizaron las normales evacuaciones naturales y heces y que en todas las medidas realizadas sobre el peso del alma el resultado había sido, prácticamente, siempre el mismo.

   Con los datos que se adjuntan, confirma el valor numérico del peso del alma que el galeno nacido en Haverhill manifestó haber obtenido en su singular experimento:

   a. Composición del cuerpo investigado.

Elemento	Kg elemento/(kg) cuerpo investigado
O	0,65682
C	0,18
H	0,1
N	0,03
Elemento	**Kg elemento/(kg) cuerpo investigado**
Ca	0,015
P	0,01
S	0,0025
K	0,002
Na	0,0015
Cl	0,0015
Mg	0,00025
Elementos traza (Fe, Zn, Si, Cu, F, Br) Elementos ultratraza (I, Mn, V, As, B, Ni, Cr, Mo, Co)	0,0001281

---

4 Sustancia que se utiliza para el seguimiento u observación de una reacción química mediante un cambio de color. Existen indicadores de diversos tipos, cada uno de ellos tiene su intervalo de pH que es donde se produce el cambio de color. Como ya se ha advertido antes, se ha de procurar utilizar el indicador más adecuado según la reacción química (ácido-base, redox, etc.) investigada.

b. La energía producida al calentar 3 gramos de agua desde 21°C hasta 86,67°C equivale al trabajo necesario para elevar el cuerpo investigado hasta una altura de 1,19921 metros.

c. Calor específico del agua: 1 cal/g °C (1cal = 4,18 J).

d. $g = 9,81$ m/s^2.

Nota: Los datos de un elemento se han modificado ligeramente para adaptarlos al enunciado del problema.

2. Comentar la siguiente referencia con el apartado 1, relacionando la diferencia de criterios entre los distintos científicos implicados en el tema investigado:

Otro profesor contemporáneo del anterior (principios del siglo pasado) reacio a la existencia del alma, solía justificar su opinión ante sus alumnos, afirmando que durante las disecciones que realizaba en las autopsias, no se veía el alma en ninguna parte del cuerpo. En cierta ocasión le encomendaron la autopsia de un prestigioso colega suyo muerto en accidente. Durante la operación, el profesor volvió a insistir– como solía hacer en este tipo de intervenciones –en la inexistencia del alma en el cuerpo del difunto, a la vez que se dolía de la desaparición de semejante lumbrera tan necesaria para la ciencia. En ese momento, un alumno sacó un frasquito vacío y propuso al profesor que introdujera en él la sabiduría que contenía el cerebro del fallecido para evitar así que se perdieran los conocimientos de tan importante e infortunado científico. El escéptico forense, no quiso meterse en disquisiciones y ya no volvió a litigar sobre el tema.

Mientras haya un misterio
para el hombre, ¡habrá poesía!
Gustavo Adolfo Bécquer

ESTÁNDARES

Muestras que contienen cantidades conocidas de las especies que se van a determinar.

Estándar (patrón) primario. Debe reunir, entre otras condiciones, composición conocida con exactitud, estabilidad a temperatura ambiente y suficiente pureza para no estar subordinado a otros estándares.

Blanco. Contiene todos los componentes de la muestra menos de la especie que se está investigando.

Estándar secundario. Se utilizan para ensayos específicos con la pureza suficiente para realizar análisis habituales de laboratorio.

Estándar interno. En Química Analítica Cuantitativa, este término se refiere a una sustancia química muy parecida, pero no igual, que se añade, en cantidad constante conocida, a la sustancia investigada, el blanco y los estándares de calibración en la realización del análisis químico.

Definiremos calibrado como un método instrumental, métodos basados en las propiedades físicas (emisión de radiación, refracción de radiación, etc.) de los analitos mediante espectroscopía, fotometría, etc., como un procedimiento adecuado para evaluar una propiedad relacionada con el analito y cuya intensidad es proporcional a la cantidad de la sustancia investigada.

La utilización del calibrado con estándar (patrón) interno es muy adecuado para controlar errores sistemáticos e instrumentales o de procedimiento.

Determinación de cloruros en aguas marinas

Objetivos:

Cálculo de la concentración de cloruros (g/L) en una muestra de agua de mar.
   (Volumetría de precipitación. Método de Mohr).

Material:

- Soportes, pinzas, nuez y varilla (agitador).
- Balanza analítica, matraz erlenmeyer, matraz aforado, pipeta, probeta y bureta de 25 mL.
- Nitrato de plata ($AgNO_3$).
- Cromato de potasio (K_2CrO_4) solución al 5% p/v (relación en porcentaje entre el peso de soluto y el volumen de solución).
- Agua investigada (preferible agua del mar y también en agua de grifo).

Método:

1. Preparamos, en cantidad suficiente, una solución de nitrato de plata ($AgNO_3$) de concentración 1/200 moles/L (0,005 M) para lo cual procederemos como sigue: pesar con precisión 0,85 g de $AgNO_3$ –con las debidas precauciones, pues se trata de un reactivo muy corrosivo– depositándolos en un vaso de precipitados que contiene cierta cantidad de agua destilada, agitando con la varilla, seguidamente y con cuidado, deslizaremos la mezcla en un matraz aforado de un litro de volumen. Lavaremos el vaso agitando suavemente y, a continuación, se vierte la mezcla en el matraz. Repetiremos este trámite hasta que observemos que en el vaso no queda precipitado. Después añadiremos agua al matraz hasta el enrase, taponaremos el mismo, agitaremos bien para homogeneizar la mezcla y etiquetaremos.
2. En un erlenmeyer derramamos unos 52 mL del agua investigada.
3. Añade 2 o 3 gotas de indicador (en este caso, el más adecuado es cromato de potasio, K_2CrO_4 (en solución acuosa 5%).
4. Instala una bureta en el soporte sujetándola con pinza y nuez.
5. Enrasamos a cero la bureta en la que hemos introducido la solución de nitrato de plata preparada.

6. Suelta con cuidado la llave de seguridad de la bureta para que, lentamente y gota a gota, el nitrato de plata se deslice sobre el erlenmeyer que contiene el agua investigada a la que se le ha añadido el cromato, sin olvidar de agitar con precaución –sin contacto con la bureta– suave e ininterrumpidamente el matraz erlenmeyer. Observaremos la formación de cloruro de plata (AgCl), un precipitado blanco que, como sabemos, es insoluble en agua.

7. En cuanto se aprecia la aparición de precipitado rojizo (teja) de cromato de plata (Ag_2CrO_4), cerramos la llave de paso de la bureta ya que el color rojizo indica que se han agotado los cloruros que contenía el líquido. Por esa razón los iones Ag^+ del nitrato de plata se enlazan con los iones CrO_4^{2-} del cromato de potasio. Anotaremos el volumen (**v**) de $AgNO_3$ que ha reaccionado para formar cloruro de plata y ya podremos, con un simple cálculo matemático, averiguar la cantidad de cloruros que hay en un litro del agua investigada.

En el proceso realizado han tenido lugar dos reacciones químicas:

– Los iones Cl^- de las sales del agua investigada reaccionan con los iones Ag^+ del nitrato de plata dando cloruro de plata (AgCl).

– Los iones Ag^+ del nitrato de plata reaccionan con los iones CrO_4^{2-} del cromato de potasio obteniéndose cromato de plata (Ag_2CrO_4) y nitrato de potasio (KNO_3).

Cuestiones:

– Con los datos obtenidos determinar la concentración de cloruros en agua investigada (gramos de cloruros por litro de solución).

$$(\mathbf{v})\ (L.\ AgNO_3) \cdot \frac{1\ mol\ AgNO_3}{200\ L\ AgNO_3} \cdot \frac{1}{0{,}052\ L\ Cl^-} \cdot \frac{35{,}5\ g\ Cl^-}{mol\ Cl^-} \cdot \frac{mol\ Cl^-}{mol\ AgNO_3}$$

Masa molecular de Cl^-: 35,5

Notas:

• **Para la determinación de cloruros por el método Mohr, es necesario que el pH de la sustancia investigada sea cercano al pH neutro, requisito que observan las analizadas en esta práctica.**

• **Punto de equivalencia: resultado teórico de la volumetría que se intenta determinar en toda valoración (la cantidad de valorante utilizada es exactamente la necesaria para que reaccione estequiométricamente con la cantidad de sustancia analizada).**

• **Punto final: en resumen, es el punto que se mide en la volumetría, por ejemplo, el cambio de color.**

• **Error de valoración: diferencia entre punto final y punto de equivalencia.**

Dosis de ácido cítrico en el limón

Objetivos:

El ácido cítrico está presente en algunos vegetales a los que da el sabor agrio, actúa como antioxidante y se usa comercialmente en grandes cantidades como acidificante de bebidas refrescantes.

En los limones el porcentaje de ácido cítrico es del 5% mientras que en la naranja es del 0,4 a 1% y en la mandarina 0,7%.

En esta práctica determinaremos la concentración (g/L) de ácido cítrico en el limón, aunque también la podremos determinar en otros cítricos.

Material:

– Probetas, bureta, soporte, nuez, pinza, vasos de precipitados y matraz erlenmeyer y cronómetro.
– Hidróxido de sodio y fenolftaleína.
– Limones.

Método:

1. Preparar una solución de NaOH 1 M.
2. En la bureta se derrama la solución preparada hasta enrasar a cero.
3. Se extrae el zumo de los limones hasta obtener 100 mL.
4. Se miden 22 mL de zumo en una probeta, se introducen en un matraz erlenmeyer y a continuación, agrega 25 mL de agua y tres gotas de fenolftaleína.
5. Colocamos el erlenmeyer bajo la bureta sujeta a un soporte, soltamos con cuidado la llave de control de la misma y dejamos caer gota a gota –mientras agitamos, sin contacto con la bureta, suave y constantemente el matraz– hidróxido de sodio de la bureta hasta que se produzca el cambio de color (aparece coloración violeta permanente de 10 a 14 segundos) en la solución investigada, que confirmará que ha concluido la reacción de neutralización.
6. Medimos y anotamos el volumen de NaOH consumido en la neutralización.
7. Repetimos el proceso tres o cuatro veces y calculamos la media de las soluciones de NaOH consumidas.

Cálculos para determinar la cantidad de ácido cítrico:

$$V_{1\,(NaOH)} + V_{2\,(NaOH)} + V_{3\,(NaOH)} = V_{T\,(NaOH)}$$

$$V_{M\,(NaOH)} = V_{T\,(NaOH)}/3$$

$$H_3(C_6H_5O_7) + 3NaOH \longrightarrow Na_3(C_6H_5O_7) + 3H_2O$$

$$\frac{1\ mol\ NaOH}{1L\ NaOH} \cdot \frac{V_M\,(NaOH)}{0{,}022\ L\ H_3(C_6H_5O_7)} \cdot \frac{1\ mol\ H_3(C_6H_5O_7)}{3\ mol\ NaOH} \cdot \frac{192g\ H_3(C_6H_5O_7)}{1\ mol\ H_3(C_6H_5O_7)}$$

El resultado es la concentración **masa (g)/volumen (L)** de ácido cítrico.

Determinación de los porcentajes de sales de sodio en una mezcla

Objetivos:

Análisis de una mezcla: investigar los porcentajes (%) de los componentes de una mezcla formada por carbonato de sodio anhidro y hidrógeno carbonato de sodio (bicarbonato de sodio).

Material:

- Vaso de 100 mL, erlenmeyer de 250 mL matraz de 500 mL, varilla, (agitador), bureta de 25 mL, balanza analítica, embudo, probeta.
- Carbonato de sodio anhidro, Na_2CO_3, Hidrógeno carbonato de sodio bicarbonato de sodio, $NaHCO_3$.
- HCl 0,1 M e indicadores (fenolftaleína y anaranjado de metilo).

   Antes de iniciar la práctica, el profesor repartirá una mezcla de sales (230 mg de Na_2CO_3 y 270 mg de $NaHCO_3$) a cada grupo de alumnos, los cuales siguiendo el método que se adjunta deberán averiguar la masa y porcentajes de las sales que forman la mezcla.

Método:

1. Introduce cuidadosamente esta mezcla en un matraz aforado de 500 mL y vas añadiendo agua destilada hasta unos 250 mL, agitando hasta que se disuelva completamente, añade más agua hasta el enrase y homogeneiza la solución.
2. A continuación, derramamos parte de la solución en el vaso de100 mL hasta el aforo del mismo.
3. En el erlenmeyer de 250 mL se depositan los 100 mL de la solución del apartado anterior y se le añaden 4 gotas de fenolftaleína.
4. Coloca el erlenmeyer debajo de la bureta, la cual hemos llenado hasta el enrase (cero de la bureta) de HCl 0,1 M y que se encuentra sujeta a su correspondiente soporte como ya hemos hecho en prácticas anteriores.
5. Con cuidado, soltamos la llave de la bureta, para que se vayan depositando lentamente en el matraz erlenmeyer gota a gota de HCl 0,1 M mientras agitamos, constantemente y con cuidado, el erlenmeyer hasta que la gota que haga desaparecer el color morado, indicará el final de la valoración. Anotamos el volumen (V_a) de HCl necesitado para la volumetría (reacción 1).

6. Sobre el líquido del matraz erlenmeyer derramamos 4 gotas de naranja de metilo y observaremos que cambia a color amarillo.

7. Volvemos a soltar la llave de la bureta (sin enrasarla) para que se vayan derramando gotas de HCl 0,1M sobre el matraz, hasta que el color cambie de amarillo a rosa. Anotamos el volumen (V_b) de la bureta (reacción 2).

Reacciones de valoración:

1. $$Na_2CO_3 + HCl \longrightarrow NaCO_3 + NaCl$$

2. $$NaHCO_3 + HCl \longrightarrow CO_2 + NaCl + H_2O$$

VOLUMEN DE CARBONATO DE SODIO: V_a

M = moles/litros $\qquad$ moles de HCl 0,1 M = moles de Na_2CO_3

M = moles/V_a (litros) $\qquad$ (masa molecular de Na_2CO_3 = 106)

$0,1$ = g de Na_2CO_3 / 106/ V_a (gramos de carbonato de sodio que hay en los 100 mL que hemos tomado). Para calcular el total de gramos de carbonato de sodio que hay en la solución de 500 mL, habrá que multiplicar por 5. (Resultado en %).

VOLUMEN DE HIDRÓGENO CARBONATO DE SODIO: V_b - $2V_a$

$2V_a$ indica que no hemos enrasado en la segunda valoración y hay que restar también el volumen de HCl 0,1 M consumido en la anterior valoración que debe ser igual al volumen al de la primera valoración (Va).

$$0,1 = \text{g de } NaHCO_3/84/V_b - 2V_a \text{ (masa molecular de } NaHCO_3 = 84)$$

Los cálculos son los mismos que para la sal anterior.

La ecuación de la reacción 1 nos indica solamente la valoración del carbonato de sodio con fenolftaleína. La ecuación de la reacción 2 se refiere a la valoración con naranja de metilo del bicarbonato de sodio en la mezcla y del bicarbonato obtenido en la reacción anterior (V_a), eso es, $2V_a$ indica que no hemos enrasado en la segunda valoración y hay que restar también el volumen de HCl 0,1 M consumido en la anterior valoración que debe ser igual al volumen al de la primera valoración (V_a) si la praxis realizada es correcta.

Multiplicando por 5 obtendremos la cantidad total bicarbonato de sodio (hidrógeno carbonato de sodio) de la mezcla. (Resultado en %).

Volumetría redox: agua oxigenada

Agua oxigenada (H_2O_2) es una solución acuosa de peróxido de hidrógeno, por eso también se la conoce como peróxido de hidrógeno.

Expresión de la concentración de las soluciones de agua oxigenada:

a. Agua oxigenada al 3% indica que en un litro de solución hay 30 mL de H_2O_2 y 970 mL de agua destilada.

b. Tanto por ciento en peso (masa): peso de soluto/peso de solución (p/p).

Agua oxigenada al 30% en peso indica que en cada 100 g de solución hay 30 g de agua oxigenada (peróxido de hidrógeno).

c. En volúmenes:

Agua oxigenada de 10 volúmenes quiere decir que un litro de la solución produce 10 litros de oxígeno gaseoso al descomponerse en condiciones normales de presión y temperatura.

El agua oxigenada (peróxido de hidrógeno) por sus propiedades oxidantes, es desinfectante, decolorante y antiséptico en concentraciones adecuadas, ya que en proporciones elevadas produce quemaduras serias. Corrosivo.

El peróxido de hidrógeno reacciona violentamente con muchos compuestos.

Agua oxigenada de farmacia, concentración al 3 %: 10 volúmenes de peróxido de hidrógeno.

Objetivos:

En esta práctica realizaremos una volumetría del agua oxigenada en una reacción química en la que se descompone formando oxígeno y agua.

Material:

- Bureta, matraz erlenmeyer de 250 mL pipetas de 10 mL, pinza de sujeción, soportes, embudo, probetas.
- Agua oxigenada de farmacia al 3%, permanganato de potasio ($KMnO_4$) 0,01 M y ácido sulfúrico (H_2SO_4) 1 M.

Método:

1. Prepara una solución, en cantidad suficiente de $KMnO_4$ 0,01 M y guárdala para utilizarla más tarde.
2. Derrama, poco a poco, con la pipeta 10 mL de agua oxigenada de farmacia en la probeta y diluir hasta 100 mL.
3. Separa 10 mL de la solución de la probeta e introducirlos en el erlenmeyer y añade una pequeña cantidad de agua desionizada, cuyo volumen no influye en el proceso químico de valoración del peróxido de hidrógeno investigado.
4. Con la pipeta derrama con las debidas precauciones y agitando cuidadosamente, 5 mL de H_2SO_4 1 M para acidular la solución.
5. Después de limpiar la bureta, se le pasa una pequeña cantidad de solución $KMnO_4$ 0,01 M que hemos preparado en el apartado 1.
6. A continuación y, con cuidado, derrama la solución $KMnO_4$ 0,01 M en la bureta hasta el enrase (cero).
7. Como en anteriores volumetrías, suelta despacio la llave, para que el permanganato de potasio (color morado) –mientras agitas el erlenmeyer suave y constantemente– se derrame lentamente sobre el agua oxigenada mientras se decolora debido a que la sal mangánica se reduce a manganosa. Cuando observes que aparece un color rosado y estable, indicará que la reacción –cuya ecuación química (redox), sin ajustar, se incluye a continuación– ha terminado.

   Como hemos visto antes, el agua oxigenada de farmacia corresponde a 3% de H_2O_2 en solución (10 volúmenes de peróxido de hidrógeno): agua oxigenada comercial.

   Como el H_2SO_4 es muy corrosivo, utiliza gafas de seguridad, vitrina de gases y demás prevenciones anteriormente citadas.

$$H_2O_2 + KMnO_4 + H_2SO_4 \longrightarrow MnSO_4 + K_2SO_4 + O_2 + H_2O$$

Actividades:

Ajusta la reacción química que ha tenido lugar y con los datos (volumen de agua oxigenada, volumen de permanganato de potasio 0,01 M utilizado, etc.) valora la solución-problema.

Volumetría redox:
$KMnO_4$ - $Na_2C_2O_4$

Objetivos:

Calcular el volumen de permanganato de potasio en la valoración con oxalato de sodio (etanoato de sodio).

Material:

- Vasos de precipitados, vidrio de reloj, erlenmeyer, mechero de laboratorio, bureta, balanza analítica, agitador, termómetro, soportes y rejilla.
- Oxalato de sodio sólido, $Na_2C_2O_4$, solución de $KMnO_4$ 0,02 M, H_2SO_4 diluido.

Método:

1. Pesa con precisión 0,18 gramos de oxalato de sodio sólido y deposítalos en un erlenmeyer, agregando a continuación 18 mL de agua desionizada.
2. Derrama, lentamente y con cuidado, sobre el recipiente 18 mL de ácido sulfúrico diluido (1:8).
3. Con precaución, valora en caliente (71-79 °C) con la solución de $KMnO_4$ 0,02 M que ya has introducido en la bureta hasta su enrase. Cuando aparezca un color violeta desvaído que permanece estable, indicará el fin de la valoración.

Cuestiones:

Ajusta la reacción redox y comenta la valoración de la solución-problema investigada.

$$Na_2C_2O_4 + KMnO_4 + H_2SO_4 \longrightarrow MnSO_4 + Na_2SO_4 + K_2SO_4 + CO_2 + H_2O$$

Agua destilada: agua en estado puro que se obtiene por un proceso de destilación.

Agua bidestilada: agua que ha sido sometida a dos procesos de destilación.

Agua desionizada: agua a la que se han extraído cationes (Ca^{2+}, Na^+, Fe^{2+}, Fe^{3+}, Cu^{2+}, etc.) y aniones ($CO_3^=$, F^-, Cl^-, etc.).

El $KMnO_4$ ejerce de autoindicador, entendiendo por autoindicador la sustancia valorante o el analito que cambia de color a lo largo de la reacción, que se conoce como permanganimetría.

Contenido (mg) de ácido acetilsalicílico en una tableta de aspirina

Objetivos:

Comprobar que en una tableta de aspirina el contenido en miligramos de ácido acetilsalicílico ($C_9H_8O_4$) coincide con el que figura en el envase de la misma (aspirina 500 mg).

Material:

- Soporte, nueces, aros, pinzas, rejilla, vasos de precipitados, varilla, bureta de 25 mL, probeta pequeña de precisión, matraz aforado de 1.000 mL, vaso de precipitados de 600 mL, sistema de calentamiento, cuentagotas y vaso de precipitados 300 mL.
- Hidróxido de sodio 0,1 M, fenolftaleína y una caja de aspirinas.

Método:

1. La cantidad investigada la calcularemos mediante una volumetría de neutralización (ácido-base).
2. Mezclamos 300 mL de agua destilada con diez pastillas de aspirina en un vaso de precipitados de 600 mL.
3. Calentamos, con cuidado, a la vez que agitamos con la varilla pero procurando que no llegue a hervir.
4. Cuando ha concluido la disolución, apagamos el mechero y agregamos agua hasta el enrase (600 mL) y derramamos el contenido del vaso en el matraz aforado, enrasando hasta 1.000 mL. Tapa el matraz y agita hasta que la solución quede bien homogeneizada.
5. Derramamos despacio hidróxido de sodio 0,1 M en la bureta de 25 mL hasta enrasar.
6. Se vierten 20 mL de la solución del matraz en un vaso de precipitados de 300 mL añadiéndole, a continuación, cuatro gotas de fenolftaleína (solución 1%).
7. Como en anteriores volumetrías, colocamos el vaso de precipitados debajo de la bureta sujeta al soporte, pero ésta sin contacto con el vaso, soltamos despacio la llave de la bureta y dejamos caer, lentamente, el NaOH sobre el vaso de precipitados hasta que aparezca una coloración violeta desvaído.

Ecuación de la reacción de neutralización:

$$C_9H_8O_4 + NaOH \longrightarrow C_9H_7O_4Na + H_2O$$

En la reacción vemos que 1 mol de ácido acetilsalicílico reacciona con 1 mol de NaOH.

(Masa molecular del ácido acetilsalicílico: 180)

Con los datos obtenidos experimentalmente podemos calcular:

$$\text{g de } C_9H_8O_4/L$$

(gramos correspondientes a diez pastillas)

Por lo tanto, ya sabemos la cantidad de ácido que corresponde a una pastilla y si coincide con el dato que figura en la caja de aspirinas que, de hecho, debe coincidir si la práctica y los cálculos están correctamente realizados.

Excipientes: celulosa en polvo y almidón de maíz.

Conclusiones:

Complexometrías: valoración del cinc

La complexometría (quelatometria) es un tipo de volumetría que se fundamenta en la formación de compuestos poco disociados (reacción de formación de un complejo inorgánico). Las valoraciones complexométricas se suelen utilizar para la determinación de una mezcla de iones metálicos que se encuentran en una solución.

En este método volumétrico utilizaremos un reactivo adecuado, complexona, para combinarse con la sustancia que vamos a valorar, formándose un complejo que se puede determinar al agregársele un indicador adecuado.

Las complexonas más utilizadas en estos análisis volumétricos es el EDTA (ácido etilendiaminotetraacético) y su sal disódica.

Solución-problema: *En un vaso de precipitados disolvemos en agua una sal de cinc y, cuidadosamente, la derramamos en un matraz aforado de 250 mL enrasando con agua desionzada y tapamos el matraz agitando después. Anotamos los gramos de sal que hemos pesado antes de la disolución. Como conocemos la masa molecular de la sal disuelta podemos calcular su concentración molar.*

Material:

- Matraces aforados, bureta, pipetas, varilla-agitador, probeta, vasos de precipitados, balanza analítica.
- EDTA (agente quelante), negro de Eriocromo T, trietanolamina, etanol absoluto (alcohol etílico absoluto), cloruro de amonio, solución de amoniaco concentrado (0,88-0,9), agua destilada y agua desionizada, soporte, pinza y nuez.

Método:

1. Preparación de la solución del indicador EriocromoT:

    Disolvemos 200 mg de negro de EriocromoT en 15 mL de trietanolamina y en 5 mL de alcohol etílico absoluto.

2. Preparación del tampón:

    (Revisión del concepto de solución tampón en la práctica correspondiente)

    a. Pesamos 17 gramos de cloruro de amonio (sal de amoníaco) y los depositamos en un vaso de precipitados.
    b. Medimos 140 mL de la solución de amoniaco concentrado (0,88-0,9).

  c. Añadimos, con las debidas precauciones, este amoniaco concentrado al cloruro de amonio pesado anteriormente del vaso de precipitados.

  d. Diluir hasta 250 mL de agua destilada.

3. Preparación de una solución de EDTA 0,1 M:

  Pesamos 18,612 gramos de EDTA y los disolvemos en 0,5 litros de agua desionizada.

  (Esta solución se puede adquirir en establecimientos especializados en productos químicos)

4. Valoración complexométrica:

  a. En una probeta medimos 25 mL de la solución-problema (solución de cinc) y la derramamos cuidadosamente en un vaso de precipitados, diluyéndola con agua desionizada hasta 100 mL.

  b. Introducimos en el vaso de precipitados 1,8 mL de solución tampón y dos gotas de negro de EriocromoT.

  c. Introducimos la solución de EDTA en la bureta, enrasamos y valoramos la solución de cinc recientemente preparada. En el punto final (cambio de color rojo a azul) se produce un desplazamiento que da lugar a la formación del complejo del ion metálico con EDTA.

  Después de realizado el proceso, anota los datos obtenidos.

Indicadores complexométricos o metalcrómicos
Murexida: complexometría del calcio
Calceína: complexometría de metales alcalinotérreos y de transición
Negro de eriocromo T: complexometrías de calcio, cinc, aluminio, etc.

Cuestiones:

Busca información sobre valoraciones complexométricas de otros metales.

Nota: La solución del indicador Negro de Eriocromo T (NeT) del apartado 1 se puede adquirir en establecimientos especializados.

5.
ANÁLISIS CLÍNICOS

Un análisis clínico se puede definir como la investigación confirmatoria sobre ciertas sustancias del organismo de un paciente, solicitada por su médico a un laboratorio clínico para ratificar o descartar su diagnóstico. Es un buen método para evitar errores.

Ya a mediados del siglo XIX, el químico y médico alemán Johann Joseph Von Scherer estableció en el hospital donde trabajaba, un laboratorio de análisis clínicos al que denominó Química Clinica.

En la iniciación del siglo pasado, el análisis clínico se comenzó a catalogar en distintas especialidades como hematología (análisis de sangre), microbiología, etc.

Pero fue en los años 20-30 (siglo XX) cuando se potenciaron los métodos clínicos analíticos coincidiendo con la publicación de bibliografía divulgadora de técnicas clínicas analíticas como la obra de los doctores alemanes Hermann Lenhartz y Erich Meyer, Análisis Clínicos (Labor), con datos avanzados para el desarrollo de la Química Clínica. Esta inicial y efectiva evolución hacía presagiar que las pruebas tecnológicas, en sus diferentes formatos, iban a suponer una gran optimización en el diagnostico de enfermedades con el consiguiente progreso de la Medicina.

A principios del siglo XX en nuestro país, sobre todo en zonas rurales y pequeñas poblaciones, en numerosas ocasiones y por diversas circunstancias, el diagnóstico de una patología se limitaba al dictamen (ojo clínico, *first sight opinion* en inglés) del médico después de haber estudiado el caso o –si el enfermo tenía buena posición económica– se podía concertar una consulta médica (opinión colegiada de varios especialistas después de haber visitado al paciente). Con el tiempo, ojo clínico pasó a ser conocido como evidencia científica, concepto con el que todavía hoy se sigue teniendo en cuenta la experiencia profesional en los diagnósticos.

Pero ya hace muchas décadas que se implantó el análisis clínico como confirmación de diagnóstico, coincidiendo con el constante progreso del mismo con las nuevas tecnologías utilizadas, entre las que citaremos métodos de análisis automatizados y computarizados en los diversos campos analíticos, urianálisis, radioinmunoanálisis, ensayo por inmunoabsorción ligados a enzimas (ELISA), etc. La actitud hacia este tipo de diagnóstico, ha evolucionado de tal forma que, en la actualidad, los análisis clínicos han pasado a formar parte de nuestra vida cotidiana: análisis de sangre, orina, heces... se realizan periódicamente (Medicina preventiva) para controlar nuestros parámetros vitales (colesterol, triglicéridos, creatinina, bilirrubina, pólipos...) como medida cautelar controladora de la salud, cuyos resultados se dan en mg/dL, micromoles/L, mmol/L, mg/g, mEq/L, etc.

Además, estas tecnologías permiten detectar cantidades mínimas (μgramos, 10^{-6} g, nanogramos, 10^{-9} g, picogramos, 10^{-12} g, con el consiguiente avance para la detección precoz de anomalías funcionales.

- *Hematología*: especialidad médica que estudia la anatomía, biología, fisiología y patología de la sangre.
- *Hemograma*: análisis (cualitativo y cuantitativo) de sangre solicitado para conocer número, composición y porcentajes de los elementos (células o componentes celulares) de la sangre:

  - **Eritrocitos** (glóbulos rojos): transportan el oxígeno desde el aparato respiratorio hasta las células y recogen el CO_2 producido en las reacciones celulares.
  - **Leucocitos** (glóbulos blancos): participan en la defensa del organismo.
  - **Plaquetas**: intervienen en los mecanismos de la coagulación de la sangre como hemostasia –detención de hemorragias– y trombosis u oclusión de un vaso sanguíneo.

La proporción de los corpúsculos celulares en el informe analítico puede venir dada en distintas unidades de medida: número de células por mm^3 o bien en pg, fL, g/dL, cm, %, etc.

– *Hemocultivo*: es un tipo de diagnóstico muy adecuado para determinar la presencia en la sangre de microorganismos (bacterias…). Mediante este método se investigará el crecimiento de microorganismos para poder recetar el tratamiento correspondiente según el microorganismo causante de la afección o trastorno.

En este diagnóstico es muy importante la limpieza en el protocolo de extracción de sangre por venopunción ya que se precisa que los frascos y el resto del material utilizado no se contaminen con las bacterias que el personal clínico que se encarga de la extracción pudiera transferirles desde su piel o vestuario laboral. Para evitarlo hay que tener en cuenta los siguientes conceptos:

– *Esterilización*: proceso de destrucción de microorganismos que se encuentran en forma vegetativa o en forma de espora (elemento reproductor unicelular de pequeño tamaño).

La esterilización se puede realizar por métodos físicos (calor húmedo en autoclave a 120 °C, etc.) y químicos (germicidas).

– *Asepsia*: estado que resulta de un proceso de esterilización.

– *Antisepsia*: prevención de las enfermedades infecciosas por destrucción de los gérmenes que las producen.

• **Ignaz Semmelweis**: Desde la irrupción de la pandemia del Covid-19, las autoridades sanitarias insistieron constantemente, entre otras normas higiénicas, en la necesidad de lavarnos con frecuencia las manos para así evitar el contagio del virus chino. Esta misma exhortación hacía a sus colegas Ignaz Semmelweis (1818-1865) –médico cirujano y ginecólogo en el imperio austriaco, *conocido como el salvador de las madres* y considerado el iniciador de los antisépticos– después de percatarse de que, en el Hospital General de Viena, el número de fallecimientos de parturientas debido a la fiebre puerperal atendidas por obstetras era muy superior a los fallecimientos con comadronas. Después de mucho reflexionar llegó a la conclusión de que los médicos atendían a las parturientas después de realizar autopsias y sin tomar ninguna precaución profiláctica contaminando así a las gestantes, por lo que propuso, mediante la desinfección, eliminar esas partículas cadavéricas que infectaban a las puérperas. Su proposición de lavarse bien las manos con una solución de hipoclorito de calcio antes de atender un parto, fue muy mal recibida por sus compañeros y, aunque el número de decesos disminuyó considerablemente, no quisieron aceptarla ya que no les convenía asumir sus responsabilidades. Justificaron el elevado número de muertes con razonamientos rayando en el absurdo como el terror de las parturientas al sonido, por las noches, de la campanilla del monaguillo anunciando el auxilio espiritual a las enfermas y otras dilucidaciones de tipo religioso. Influyó mucho en el fracaso de su propuesta el que no pudiera acreditar la razón de la misma. A Semmelweis le faltó un Louis Pasteur que confirmara la teoría de los gérmenes como responsables de infecciones. Años más tarde, sería Joseph Lister (1827-1912) el que, siguiendo las directrices de Semmelweis y Pasteur (1822-1895) iniciaría el uso de la asepsia y antisepsia en cirugía, con la utilización de su **cataplasma de masilla carbólica** (mezcla de fenol, aceite de linaza y caliza en polvo) para evitar infecciones de bacterias iniciando así una perspectiva más amable y halagüeña a la praxis médica.

Semmelweis, desesperado por la mortandad evitable en el sanatorio donde trabajaba, comenzó a tener problemas mentales, por lo que fue recluido en un centro psiquiátrico donde murió, parece ser, a causa de los malos tratos que le infligía un funcionario del frenopático. Tenía 47 años.

En los laboratorios actuales de análisis clínicos se suelen utilizar técnicas como la Espectrofotometría Ultravioleta-Visible (ver Espectrofotometría) y Quimioluminiscencia por su precisión y rapidez para identificar sustancias desconocidas y determinar cuantitativamente las sustancias conocidas.

A continuación, se proponen mediante pruebas directas –algunas de ellas como la reacción de Liebermann-Burchard utilizada durante años en análisis clínicos– investigar la presencia de sustancias proporcionándonos el dato cualitativo, excepto en la investigación la glucosa en la orina, la cual, sin la precisión de las nuevas tecnologías, aportará también la información cuantitativa.

Investigación de glucosa en la orina

Objetivos:

Determinar experimentalmente la presencia de glucosa (azúcar) en la orina.

Material:

- Tubos de ensayo.
- Frasquito.
- Cuentagotas.
- Mechero de laboratorio.
- Reactivo de Benedict.

Método:

1. Utilizar la primera orina de la mañana, despreciando las primeras gotas, recogiéndola en un tubo, frasquito o recipiente cerrándolo herméticamente.
2. En un tubo de ensayo resistente al calor introduce 2 mL de reactivo Benedict y añade, ayudándote con otro cuentagotas, 4 o 5 gotas de orina.
3. Calentar a ebullición (unos 2 minutos) y dejar enfriar. El color del precipitado formado nos informa sobre la presencia de la glucosa en la orina y concentración de la misma.

Aumento
de la concentración
de glucosa
en la orina

precipitado rojizo
precipitado naranja
precipitado amarillo
precipitado verde oliva
solución azul

Conclusiones:

Para investigar la presencia en la orina de azúcares reductores en solución, es aconsejable utilizar el reactivo de S. R. Benedict en la realización del test bioquímico. Este reactivo se trata de una mezcla de sulfato de cobre (II) y una mezcla filtrada de citrato de sodio hidratado y carbonato de sodio hidratado. En contacto con la glucosa y calor, el ion Cu^{2+} del reactivo se reduce a Cu^+ mientras que la glucosa (azúcar reductora) se oxida (cede un electrón) que propiciará que –según la concentración de glucosa en la orina– el precipitado presente una coloración u otra.

Una vez concluido el proceso –aunque siempre existe una pequeña cantidad de glucosa en la sangre– la presencia de color azulado en el tubo de ensayo confirma la precaria presencia de azúcar. Cualquier matiz azulado implica ausencia perniciosa de azúcar. Si hay **glucosa**, el líquido cambiará de color. Cuanto más azúcar presente, mayor será al cambio y más rápido: precipitado rojo indica concentración alta de glucosa en la orina.

La ingestión de ciertos fármacos puede aportar datos equivocadamente altos sobre la concentración de glucosa en la orina.

Si en la orina investigada se aprecia más cantidad de glucosa de lo normal, se deberá confirmar el diagnóstico con un análisis de sangre ya que la valoración de glucosa en la orina es solamente un ensayo de detección.

SENSORES CONTROLADORES DEL AZÚCAR EN LA SANGRE A TRAVÉS DE LA PIEL

Se conoce como diabetes a una enfermedad metabólica que se caracteriza por unos niveles muy altos de glucosa en la sangre (hiperglucemia) debidos a una insuficiencia de insulina (hormona proteica producida y segregada por las células beta de los islotes de Langerhans del páncreas que neutraliza la acción de la glucosa colaborando en el movimiento del azúcar de la sangre hacia otros tejidos donde se usa para producir la necesaria energía). La diabetes crónica ocasiona trastornos cardiovasculares, cerebrales, nerviosos (hormigueo de manos y pies), oculares (visión borrosa), infecciones...

Los diabéticos se vieron obligados a pincharse con glucómetros –lo cual implica utilizar una aguja afilada con las consiguientes molestias– cada día varias veces en los dedos para controlar el nivel de glucosa y así poder neutralizarla con insulina. Con los nuevos sensores electroquímicos ya no es necesario el frecuente pinchazo para la determinación del nivel de sangre. Estos procesos electroquímicos son muy adecuados combinados con algún otro método de separación química

Laboratorios JULIÁ (Barcelona)

que facilite que la sustancia requerida al llegar al electrodo reaccione con él. De esta forma, la glucosa así detectada informa, con la frecuencia adecuada, de los niveles de azúcar en la sangre mediante el diminuto electrodo implantado debajo de la piel.

La glucosa oxidasa en contacto con la glucosa produce peróxido de hidrógeno que llega a una membrana selectiva a través del electrodo. Esta membrana polimérica evita que otros reactivos la penetren. La corriente detectada se debe a la oxidación del H_2O_2.

Investigación
de bilirrubina en la orina

La bilirrubina es un pigmento biliar entre amarillo y naranja que se encuentra en el hígado, tiene gran poder antioxidante y también participa en el proceso de digestión de las grasas.

El exceso de bilirrubina puede producir **esteatosis hepática** (depósito excesivo de grasa en el citoplasma de las células del hígado), Cuando la esteatosis hepática se debe al consumo de alcohol, la enfermedad se llama **esteatosis hepática alcohólica**.

Se conoce como **cirrosis** la desorganización de la estructura hepática normal producida por patologías hepáticas o por alcoholismo acumulativo.

Litiasis biliar es la formación de sedimentos o concreciones en la vesícula biliar o en los conductos biliares.

La bilirrubina hidrosoluble del hígado se elimina con la bilis, secreción que pasa a los intestinos y se elimina del organismo en las heces después de las comidas.

Objetivos:

Investigar experimentalmente la presencia de bilirrubina en la orina.

Material:

- Tubos de ensayo, sistema de filtro, papel de filtro, pipetas, papel indicador pH.
- Cloruro de bario, $BaCl_2$, (al 10 %), reactivo de Fouchet (25 g de ácido tricloroacético, 100 mL de agua y 10 mL de solución 10 % de $FeCl_3$), tintura de yodo diluida (una parte de tintura de yodo disuelta en nueve partes de alcohol diluido), solución de yodo al 0,7 % en etanol al 95 %.

Método:

a.
1. Derrama cuidadosamente 9 mL de orina en un tubo de ensayo y, a continuación, lentamente y con las debidas precauciones 4,5 mL de cloruro de bario (solución al 10 %).
2. Agitar cuidadosamente durante un tiempo y pasar la mezcla formada por un sistema de filtro.
3. Despliega el precipitado (del papel de filtro) sobre otro papel de filtro seco.
4. Añadir una gota de reactivo de Fouchet y si aparece color verde o azul verdoso indicará la existencia de **bilirrubina**.

b. En un tubo de ensayo que contiene unos mililitros de orina, se añade encima una capa de tintura de yodo diluida (una parte de tintura de yodo disuelta en nueve partes de alcohol diluido). Si en el plano de contacto aparece un anillo verde implicará la presencia de bilirrubina en la orina investigada. (Reacción de Trousseau – Rosin).

c. Derrama cuidadosamente 4,5 mL de orina (pH < 7) en un tubo de ensayo.

Si al añadir 2 mL de solución de yodo al 0,7 % en etanol al 95 %, se forma un anillo verdemar entre los dos líquidos, indicará la presencia de **bilirrubina**. (Reacción del yodo de Smith).

Conclusiones:

Reconocimiento del colesterol

Objetivos:

El colesterol es un lípido que se encuentra en todos los tejidos animales. Se utiliza para sintetizar sales biliares y algunas hormonas. El exceso de colesterol en la sangre es perjudicial para la salud, ya que puede facilitar la formación de cálculos biliares dentro de la vesícula o precipitar en forma de trombos en las paredes de las arterias.

El colesterol es sintetizado por el hígado y también originado por la ingestión de ciertos alimentos como la yema de huevo, en la cual vamos a investigar, en esta práctica, la presencia del citado colesterol.

Material:

- Mortero con mano y gradilla con tubos de ensayo.
- Sistema de filtro.
- Pipeta, vasos de precipitados y cuentagotas.
- Cuchara o espátula.
- Un huevo.
- Reactivos: cloroformo (estabilizado), metanol, ácido clorhídrico 0,1 M, anhidrido acético, $(CH_3CO)_2O$ y ácido sulfúrico concentrado.

Método:

1. Con la cuchara o espátula separamos toda la yema de huevo en un plato de cristal y, a continuación, la colocamos en un mortero.
2. Preparamos en un vaso de precipitados, con las debidas precauciones y en la vitrina de gases, una solución formada por una mezcla de cloroformo ($CHCl_3$), metanol (CH_3OH) y ácido clorhídrico 0,1 M, (proporción de los componentes de la mezcla: 200: 100: 1).
3. Sin pérdida de tiempo, en la vitrina de gases, añadimos en el mortero 14 mL de la solución anteriormente preparada, desmenuzándola con precaución. Filtrar y recoger la parte inferior (líquido).
4. Con la pipeta separamos 1 mL del filtrado obtenido en el apartado 3 y lo depositamos en un tubo de ensayo, evaporamos los disolventes que forman parte del mismo, añadimos a continuación y con precaución 1 mL de anhídrido acético y 1 gota de ácido sulfúrico concentrado. Esperar y aparecerá una coloración violeta que deriva a verde intenso definitivo (Reacción Liebermann y Burchard, formulada a finales del siglo XIX por el primero y perfeccionada, algo después por el segundo, siendo muy utilizada durante años en análisis clínicos). Ver Evaporación.

Conclusiones:

Investigación
de grasas en las heces

Se conocen como heces los detritos y desechos resultantes de la digestión de los alimentos ingeridos y la absorción de sus derivados. Su diversa composición consiste, principalmente, en grasas, agua, celulosa, microorganismos (bacterias), mucosa del tubo digestivo, y sustancias diversas según las circunstancias particulares (alimentarias y alimenticias) de cada individuo. Los pigmentos biliares (bilirrubina, etc.), una vez excretados, son los responsables de la coloración de las heces.

Se conoce como esteatorrea al exceso de grasa (secreciones lipídicas) en las heces, que no ha podido ser metabolizada, esto es, asimilada correctamente por el aparato digestivo y que se manifiesta por deficiencias en el abdomen (hepáticas, intestinales, etc.).

Objetivos:

Investigar los tipos de grasas en las heces.

Material:

– Sistema de calentamiento idóneo, espátula, soporte, pinza, láminas (placas) adecuadas de observación y microscopio.
– Sudan III (solución al 1%): indicador que se utiliza para detectar grasas ya que es insoluble en agua y soluble en grasas, a las cuales tiñe de color rojo anaranjado.
– Frasco higienizado con tapón cerrado herméticamente conteniendo heces frescas congeladas.

Método:

1. El análisis de las heces para detectar cualitativamente la grasa neutra (grasa simple no hidrolizada) y la grasa hidrolizada (ácidos grasos) requiere presentar una muestra reciente o bien conservada en un recipiente apropiado.
2. En una lámina (placa) de observación se extiende en capa fina y uniforme una pequeña fracción de la muestra de heces fecales y, a continuación, se añade Sudan III (una gota).
3. Detección de grasa neutra: se observa en el microscopio que las grasas neutras se presentan como gotas de color rojo anaranjado. Las grasas hidrolizadas no se pueden visualizar microscópicamente en esta lámina.
4. Detección de ácidos grasos y otros tipos de grasas hidrolizadas: en otra lámina se extiende otra pequeña porción de muestra, acidular la fracción de la muestra antes de la tinción con Sudan III, se calienta suave y adecuadamente y con las debidas precauciones, previamente a su observación en el microscopio. En el caso de existencia de ácidos grasos y otras grasas hidrolizadas, estas se muestran en forma de gotas de color rojo-naranja.
5. Las **conclusiones** se redactan según la cantidad y medida de las gotas de grasa en cada una de las láminas observadas en el microscopio.

Reconocimiento de proteínas

Compuesto orgánico de considerable masa molecular constituido por la unión de un gran número de aminoácidos con enlaces peptídicos.

Las proteínas forman el grupo más complejo y variado de moléculas que se encuentran en los organismos vivientes. Esta clase de moléculas fue denominada **proteína** (primera importancia) por el químico alemán G. T. Mulder, nombre sugerido por su colega sueco J. J. Berzelius, iniciador de la nueva química analítica del siglo xix.

Objetivos:

a. Investigar la presencia de proteínas en el cuero cabelludo.
b. Investigar la presencia de proteínas directamente en la albúmina, la cual se puede adquirir, ya preparada, en un establecimiento especializado.

Material:

- Tubos de ensayo, varilla de vidrio, mechero de laboratorio, mortero con mano y sistema de pesar.
- Hidróxido de sodio (NaOH), sulfato de cobre (II), ácido nítrico concentrado (HNO_3), pipeta.
- Solución de albúmina de clara de huevo.

Método:

a. *Proteínas en el cuero cabelludo* (Test bioquímico de Biuret).
   1. Prepara 50 mL de solución al 20% de hidróxido de sodio y 50 mL de solución al 1% de de sulfato de cobre (II). El NaOH alcaliniza el proceso.
   2. Corta una muestra de mechón de cabello e introdúcelo hasta el fondo de un tubo de ensayo resistente al calor, ayudándote de una varilla de vidrio, sin apretar el fragmento capilar.
   3. Agrega solución de hidróxido de sodio (con precaución, sus soluciones son muy corrosivas) hasta cubrir la muestra de mechón.
   4. Calienta, con cuidado, el tubo hasta que se disuelve completamente la muestra de pelo en la solución.
      Agrega lentamente dos gotas de solución de sulfato de cobre (II) preparada anteriormente.
      Agitar cuidadosamente la mezcla, la aparición de color violeta confirma la presencia de proteínas que se encuentran en la queratina del pelo.

b. *Proteínas en la albúmina*

La albúmina es una proteína formada exclusivamente por aminoácidos de elevada masa molecular (holoproteína) y que se localiza en fluidos biológicos de origen animal (sangre) y en algunos tejidos de origen vegetal.

1. Para realizar el reconocimiento se introducen 3 mL de albúmina en un tubo de ensayo, mientras que en otro tubo se derraman, con cuidado, 2 mL de ácido nítrico concentrado.
2. Coloca los dos tubos de ensayo inclinados y, con las debidas precauciones, resbala lentamente la solución de albúmina por el tubo que contiene el ácido nítrico, permaneciendo ambos tubos inclinados, Observaremos la formación de un anillo blanco (conocido como anillo de Heller) en la superficie de separación que indica la presencia de proteínas.

Conclusiones:

Reconocimiento de ácido úrico en los cálculos

Objetivos:

El ácido úrico es un ácido débil que se produce en el hígado, riñones, intestinos, músculos, etc. La importancia de este ácido radica en que sirve para identificar personas que padecen o pueden padecer gota (enfermedad muy dolorosa de las articulaciones producida por la alta concentración de ácido úrico en la sangre ocasionada por una alteración del metabolismo del ácido úrico que da lugar a la aparición de depósitos –cristales microscópicos– de uratos en articulaciones).

En Medicina, se define como cálculos a masas o sedimentos sólidos compuestos de pequeños cristales formados por sales minerales ($CaCO_3$, $Ca_3((PO_4)_2$, etc.) y de otra naturaleza (ácido úrico, etc.) que se originan en algunos órganos o en líquidos que se encuentran en algunos órganos (riñón, páncreas, etc.) y otros emplazamientos. Los cálculos biliares (depósitos endurecidos de fluido digestivo –ácidos biliares– que se pueden formar en la vesícula biliar) y de la orina (vías urinarias) están constituidos principalmente por ácido úrico y sus sales uratos (sódico y amónico). Estos cálculos tienen diversos tamaños, que en el caso de presentar molestias deben ser sometidos a la terapia médica correspondiente.

Esta práctica se incluye solo con carácter informativo.

Material:

- Cápsula de porcelana, cuentagotas o pipeta de Pasteur.
- Ácido nítrico, amoníaco, lejía de potasa (lejía potásica).

Método:

1. En una cápsula de porcelana se coloca una muestra del sedimento a investigar.
2. En la vitrina de gases, añade con mucho cuidado, unas gotas de ácido nítrico y déjalo que se evapore lentamente hasta sequedad a temperatura ambiente, formándose así una mancha de color naranja.
3. Agrega lentamente y con las debidas precauciones, un poco de amoníaco (¡puede haber proyecciones!), la mancha se torna de color rojo granate y si entonces derramamos, con las debidas precauciones, sobre la cápsula una gota de lejía de potasa (muy corrosiva) aparece color azul, quedando demostrada la presencia de **ácido úrico** en la muestra investigada.

Conclusiones:

Reconocimiento de creatinina y acetona en la orina

La creatinina (compuesto orgánico resultante de la degradación de la creatina por deshidratación) se trata de un producto de desecho del metabolismo normal de los músculos y que filtran los riñones que, a continuación, la remiten a la orina. El nivel de la creatinina nos indica la operatividad de los riñones.

La creatina (ácido α-metilguanido-acético), es un metabolito nitrogenado que se localiza en músculos, cerebro y sangre, en los que se puede encontrar en forma libre o combinada. Cuando está combinado con un fosfato da lugar al fosfato de creatina, compuesto que tiene un importante cometido en la reserva de energía en el músculo esquelético (contracción muscular).

La creatina, así como la creatinina, guanidina y ácido carbámico con sus derivados tienen su origen en la urea (carbamida, muy soluble en agua o en alcohol y constituye el componente más importante de la orina).

La acetona es un líquido incoloro, volátil, muy inflamable, de punto de ebullición muy bajo y de olor penetrante. Los enfermos que eliminan mucha acetona en la respiración desprenden olor a fruta, dato que indica que hay que tomar medidas para remediar esta patología.

Se llama acetonemia a la presencia de concentraciones elevadas de acetona o cuerpos cetónicos en la sangre.

Objetivos:

Investigación de creatinina y acetona en la orina.

Material:

- Tubos de ensayo, pipeta de Pasteur o cuentagotas y papel indicador.
- Nitroprusiato de sodio, ácido acético concentrado, ácido acético glacial líquido, lejía y amoniaco.

Método:

1. En la vitrina de gases, a un tubo de ensayo que contiene un poco de agua (gotas) se añaden unos granitos de nitroprusiato de sodio (solución saturada en frío). Esta solución se prepara observando las medidas de seguridad que se aconsejan para sustancias muy tóxicas.
2. En otro tubo de ensayo que contiene algo de orina se añade, con precaución, unas gotas de la solución de nitroprusiato de sodio recientemente preparada. Se alcaliniza con lejía y aparecerá, incluso aun tratándose de orina normal, un color rojo intenso que indica la presencia de **creatinina**.

3. Este color permanece poco tiempo y pasados unos minutos, al agregar ácido acético concentrado, si se trata de orina normal presentará color verde amarillento o desaparece el de la reacción de la creatinina con la lejía. Si la orina contiene exceso de creatinina, con el ácido acético concentrado dará color rojo intenso.

4. En un tubo de ensayo introducimos en la vitrina una muestra de orina y gotas de solución de nitroprusiato de sodio recién preparada.

5. Se añaden 17 gotas de ácido acético glacial líquido y agitamos la mezcla suavemente.

6. Añadimos, con las debidas precauciones gota a gota, 2 mL de amoníaco y se deja reposar.

7. Si a los pocos minutos vemos que se ha formado un anillo de color rosa a rojo granate indica que la presencia de **acetona** en la solución contenida en el tubo de ensayo.

Nota: en la ingestión de nitroprusiato de sodio, al metabolizase se combina con la hemoglobina y se convierte con celeridad en cianuro y después en tiocianato que pueden ocasionar toxicidad. En la realización de esta práctica deberán tomarse las medidas necesarias para evitar toxicidad del nitroprusiato de sodio. La inclusión de esta práctica en el texto sólo tiene carácter informativo.

Conclusiones:

Reconocimiento de albuminuria en la orina

Objetivos:

Se llama albuminuria a la presencia de albúmina en la orina indicando:
   a. trastorno renal funcional.
   b. glomerulonefritis: inflamación de los glomérulos (pequeños filtros de los riñones de líquido y desechos del fluido sanguíneo, derivándolos a la orina).
En esta práctica investigaremos la albuminuria en la orina.

Material:

   –   Tubos de ensayo y pipetas.
   –   Ácido nítrico concentrado (2 mL).

Método:

   1. En un tubo de ensayo se vierte la muestra de orina y en otro tubo de ensayo introducimos una pequeña cantidad de ácido nítrico concentrado procurando que no toque las paredes del tubo.
   2. Con las debidas precauciones y con la pipeta, lentamente se añade ácido nítrico concentrado sobre el tubo de ensayo de la orina de modo que el ácido nítrico quede en el fondo y la orina encima, procurando que no se mezclen. En el caso de que la orina contenga cuerpos albuminoideos, al cabo de un minuto en la superficie de separación se formará un anillo blanco (Anillo de Heller[5]), bien limitado, indicativo de la presencia de **albuminuria** en la orina, el cual tardará unos minutos en aparecer si la cantidad de la sustancia investigada en la orina es escasa.
   3. También se puede realizar la identificación con la reacción de Biuret.

---

5 Johann Florian Heller (1813 -1871), químico austriaco, formó parte del grupo histórico iniciador de la química clínica.

Los nitritos en la orina, patología conocida como nitrituria, pueden detectarse utilizando tiras reactivas que informan sobre posibles infecciones en las vías urinarias, causadas por el elevado nivel de estas sales que dificultan el correcto funcionamiento de este sistema del organismo para deshacerse de la orina y que se encuentra formado por riñones, dos uréteres, vejiga y uretra; este último conducto es por donde sale la orina al exterior. Las tiras reactivas presentan el color correspondiente al nivel de nitritos detectados en la orina –que debe ser de la mañana y teniendo cuidado de desechar la primera parte de la misma– se evalúan en la escala de colores correspondiente al sistema de detección utilizado, pero que deberán, obligatoriamente, ser ratificados por otros métodos urianalíticos que confirmen su diagnóstico.

Urianálisis (análisis general de la orina):

a. macroscópico (visual): bioquímico, físico-químico, sangre en la orina.
b. microscópico: sustancias de desecho del metabolismo, etc.

6.

ANÁLISIS
DE ALIMENTOS

Se define como alimento a toda sustancia que ingiere el organismo para obtener la materia y energía necesaria para su funcionamiento, mantenimiento y crecimiento.

La alimentación es el factor fundamental de la existencia de los seres vivos ya que se preocupa de administrar la cantidad, calidad y variedad de los alimentos que ingerimos.

Clasificación de los alimentos:

– Orgánicos: vegetales (agricultura) y animales (ganadería, pesca y caza).
– Inorgánicos (sal y agua).

Cada alimento contiene un porcentaje distinto de principios inmediatos (proteínas, lípidos, glúcidos, vitaminas, sales minerales y agua) que proporciona al organismo su capacidad de funcionamiento:

– glúcidos (pan, pastas, pasteles, cereales, dulces, frutas, etc.).
– proteínas (carne, pescado, huevos, queso, leche, yogur, etc.).
– lípidos (aceite, mayonesa, mantequilla, etc.).
– vitamina (sustancia orgánica que no puede ser fabricada-sintetizada por el organismo pero que es indispensable para el buen funcionamiento del mismo).

Nutrición: conjunto de procesos (absorción, asimilación y trasformación de los alimentos) necesarios para proporcionar al organismo la materia y energía necesarias para su crecimiento y correcto desarrollo. En resumen, la nutrición aporta los alimentos (nutrientes y oxígeno) al organismo, los transforma y después los elimina.

La **Química de los alimentos** es la parte de la química que investiga las sustancias químicas que constituyen los alimentos, esto es, composición primitiva, ingredientes complementarios, métodos y procesos de preparación y conservación de los mismos.

La humanidad tenía más posibilidades alimentarias que el resto de los vivientes ya que podían trabajar la tierra, pescar, cazar, etc. Lentamente fueron trasformando los alimentos: calentarlos –la curiosidad por los restos de plantas y animales que no sobrevivían a la acción del fuego facilitó la invención del cocinado de alimentos– para favorecer el sabor y la deglución. La introducción de nuevos materiales (platos y jarras de madera, vasos de asta de toro u otros cornúpetas, morteros con mano, etc.) y la conservación con el frío –utilizando hielo tratado con sal– ralentizando así su descomposición para su posterior consumo. Lo que no es muy conocido es el eficiente y complejo procedimiento (a base de hielo y nieve) que se utilizó, en pleno siglo XVI, para el transporte de ostras y mariscos frescos desde la costa cantábrica hasta el monasterio de Yuste (Cáceres), durante el retiro del emperador Carlos V y que contribuyeron al progreso de la gota, dolorosa enfermedad que ya sufría el monarca y que consiste en una disfunción del metabolismo del ácido úrico que genera depósitos de uratos en las articulaciones.

La evolución de los alimentos continuó su ritmo con nuevos métodos y tecnologías cada vez más avanzadas en el desarrollo alimentario. Ya en los pasados años sesenta, entre otros muchos, el prestigioso bromatólogo A. J. Amos –en su *Manual de industrias de los alimentos* (Leonard Hill Ltd. Inglaterra– Editorial Acribia. España), insistía en la necesidad de organizar todos los recursos de la tecnología de los alimentos a escala mundial, espoleando el desarrollo intensivo de sistemas nuevos y tradicionales de conservación de alimentos. y revisar las técnicas de empaquetado para reducir la alteración y deterioro de los mismos.

Han pasado años y, en efecto, las técnicas de elaboración, conservación y empaquetado de alimentos han progresado de forma considerable para el bienestar de la ciudadanía, aunque persiste la insistencia de algún país en seguir permitiendo ciertas ancestrales tecnologías y recetas gastronómicas, utilizadas ya en tiempos remotos, llegando a ocasionar pandemias que han masacrado a la humanidad y que lo seguirán haciendo si no se toman medidas, acuerdos y normas para impedirlo.

Las epidemias han tenido más influencia
que los gobiernos en el devenir de nuestra historia

George Bernard Shaw

Una de las teorías difundidas informa que el covid-19 fue gestado en un mercado de la ciudad de Wuhan (China), como resultado de la manipulación y venta –en unas condiciones higiénicas que ya se utilizaban en tiempos anteriores a nuestra era– vivos o en trozos, de una enorme variedad de animales salvajes y raros de todo tipo (ratas de bambú, crías de lobo, camello, serpientes, avestruces, perros, puercoespines, murciélagos, pangolines, cocodrilos de pequeño tamaño, etc.).

Los investigadores, especialistas en salud y epidemiólogos ya habían avisado desde hacía mucho tiempo –infructuosamente por lo que se ve– de la peligrosidad de la venta de animales en los mercados chinos donde, con mucha frecuencia, al combinarse restos y sangre de animales muertos con las secreciones de animales vivos facilitan así el caldo de cultivo adecuado para nuevos virus, como el covid-19 y otras mutaciones, que han infectado a la humanidad a través de un huésped *(organismo intermedio necesario para que el virus pase de su origen al cuerpo humano)*, que en el caso del SARS –síndrome respiratorio agudo grave que apareció en China en 2002 y que en 2019, el SARS-CoV-2, virus de la familia del coronavirus– se supone que puede ser el pangolín.

Las reclamaciones contra este tipo de gastronomía no han sido, por ahora, muy efectivas ya que las inspecciones sanitarias –por lo general poco concienzudas– y los intentos de las autoridades de cambiar las cosas chocan con el estilo sui generis del paisanaje que no está por la labor de cambiar de gustos culinarios y del prestigio que adquieren entre sus conciudadanos cuantos más extraños y estrambóticos seres vivos incluyen en su recetario gastronómico. Otra razón que dificulta los cambios alimentarios es que los chinos tienen muy extendida la idea de que experimentando con este tipo de animales, obtienen medicamentos muy positivos para la salud.

A primeros de febrero de 2021, un grupo de científicos (epidemiólogos, virólogos, veterinarios, nutricionistas, etc.) de varios países, viajaron a China donde fueron sometidos a un exhaustivo control en sus visitas a hospitales, centros de investigación y mercado de Wuhan. Parece ser que China intentaba, a toda costa, obviar su responsabilidad en la pandemia observando una rigurosa vigilancia sobre la información del origen del covid-19 e implantando teorías sobre la posibilidad de que el virus llegase a China en alimentos congelados procedentes de otros países, animales importados, deportistas foráneos... hipótesis que fueron desechadas por científicos e instituciones médicas internacionales. En junio de 2021, la Unión Europea se sumó a USA para potenciar la corriente de los que exigen una investigación más profunda sobre el origen del Covid-19 y, además, determinar dónde y cómo se inició la transmisión a los seres humanos. En otoño del 2022 se volvió a informar sobre la posibilidad del origen del covid-19 en una fuga de laboratorio. La investigación continúa.

Poco después de declarada oficialmente la pandemia, se iniciaron las investigaciones de obtención de vacunas, las cuales se clasificaron en dos grupos:

- **Vacuna de ARN mensajero (ARN-m): no introduce el virus directamente pero propicia que las células del organismo originen una fracción. Este tipo de vacuna lo que hace es coger una porción del ARN, el cual se envuelve en un saquito (lípido) para empezar a crear la proteína S. Ejemplos de esta clase de vacuna son Pfizer y ModeRNA.**

Premio Nobel de Medicina 2023

El inmunólogo Drew Weissman (Lexington, Massachusetts, USA) y la bioquímica Katalin Karikó (Szolnok, Hungría) fueron galardonados con el Premio Nobel de Medicina 2023 por desarrollar conjuntamente vacunas eficientes ARN-m contra el COVID-19, introduciendo con sus investigaciones descubrimientos innovadores, los cuales han cambiado fundamentalmente nuestra comprensión de cómo actúa el ARN-m en nuestro sistema inmunológico.

- **Vacuna de adenovirus: siguen la estrategia de vector viral, esto es, utiliza otro tipo de virus (llamados adenovirus) diferente para transportar esa proteína S. Ejemplos de esta clase de vacuna: Astrazeneca, Janssen, Sputnik V, etc.**

A finales del 2020, se inició la vacunación masiva que, aunque con inevitables complicaciones, dificultades, atascos e incertidumbres preliminares –dada la complejidad de la inesperada y desconocida pandemia– se inició, con altibajos, la desescalada de la misma que esperemos que, en un tiempo no muy lejano nos devuelva a la vieja normalidad.

Nota: Con fecha 30-III-23, según la Universidad Johns Hopkins el número de fallecidos por covid superaba los 6,8 millones.

DESARROLLO DE UNA VACUNA

Vacuna: enfermedad pustulosa y contagiosa, particular a las vacas y que inoculada al hombre le preserva de la viruela (definición propuesta por la Facultad de Medicina de París, 1935).

Definiremos vacuna como un preparado compuesto por antígenos (sustancias extrañas al organismo susceptibles de agilizar el sistema inmunitario) que dentro del organismo estimulan el desarrollo de anticuerpos (sustancias de naturaleza glucoproteica) específicos que proporcionan una inmunidad específica contra una determinada enfermedad vírica, microbiana o parasitaria.

El desglose de la investigación de una vacuna es como sigue:

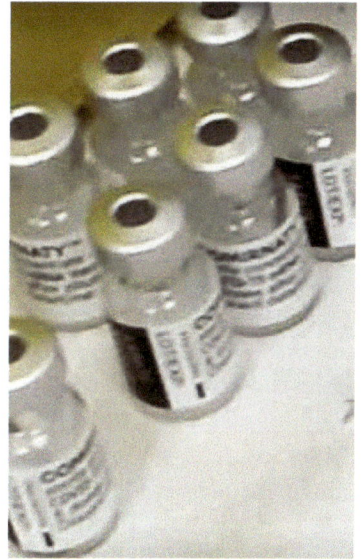

Vacuna Pfizer, Covid -19

a. Identificación del patógeno.
b. Utilización del patógeno de las últimas variaciones para, a partir de él, desarrollar la vacuna adecuada.
c. Ensayos preclínicos: Una vez ejecutada la vacuna hay que empezar a ensayarla con animales.
d. Ensayos clínicos, esto es, llevar a cabo las pruebas correspondientes en seres humanos para comprobar sus efectos en el organismo.
e. Una vez superadas las fases anteriores, se legaliza y se establece su adecuada prescripción (dosis).
f. Producción del fármaco y distribución equitativa del mismo.

Gripe asiática

Fue una pandemia iniciada en Yunan (sureste de China) en 1957 y que atemorizó al mundo durante todo el año siguiente. Originada por un brote de influenzavirus A H2N2, en diez meses se propagó por India, África, Europa, Estados Unidos y resto del mundo. La rapidez de los contagios se debió a los transportes internacionales y a la mutación del virus con un balance a nivel mundial de más de un millón de muertos.

En España la conocimos como gripe asiática en el invierno 1957-1958, ocasionando varios millones de afectados y diez mil defunciones (niños, adolescentes, adultos y mayores). En esa época España contaba con unos 29 millones de habitantes. La letalidad se controló con antibióticos y vacunas con antígenos de sus últimas variaciones.

Maurice Ralph Hilleman (1919-2005) fue un microbiólogo estadounidense que desarrolló más de cuarenta vacunas y fue responsable de ocho de ellas: neumonía, Haemophilus influenza, varicela, paperas, sarampión, meningitis, hepatitis A y hepatitis B. Hilleman ha sido considerado por muchos de sus colegas, como el vacunólogo más importante de la historia y el científico que más vidas salvó durante el siglo xx.

Cuando en 1957 la gripe asiática llegó a USA, Hilleman y su equipo ya habían estado diseñando la vacuna que en unos meses se pudo producir y distribuir en cantidades suficientes para que millones de personas se libraran del virus que amenazadoramente se desplazaba desde Hong Kong.

GUERRA BIOLÓGICA

Así se conoce al tipo de guerra cuyo armamento consiste en agentes (bacterias, virus, toxinas...) responsables de graves enfermedades y daños físicos, con las consiguientes consecuencias negativas para la salud y bienestar del personal militar y –según las circunstancias– civil.

Aunque en el año 1972 se prohibió su producción, uso y almacenamiento, hay países que investigan y fabrican este tipo de material bélico.

Las tácticas utilizadas en este tipo de guerra se clasifican en:

- Uso de organismos y microorganismos vivos o muertos como transmisores de enfermedades.
- Envenenamientos masivos de agua y otros alimentos con sustancias tóxicas.
- Destrucción de alimentos vegetales utilizando *defoliantes* (productos químicos espolvoreados sobre las plantas, algunos de ellos muy tóxicos como el conocido como Agente Naranja).
- Inoculación biológica de productos nocivos.

Las armas biológicas son –aunque de muy complicado control cuando ya se han dispersado por el medio ambiente– de fácil obtención en un medio de cultivo meramente normalizado si se cuenta de adecuadas cepas bacterianas o víricas.

En biología, se define cepa a un grupo de virus o bacterias que tienen en común las mismas características o por lo menos una de ellas. También se puede definir como variedad de una especie que se distingue de los demás especímenes en uno o varios caracteres genotípicos.

La guerra biológica viene de antiguo, ya en 1347 los mongoles arrojaron cuerpos infectados de peste bubónica contra los defensores del puesto comercial genovés de Kaffa (Ucrania). El bacilo de la peste que originó la mayor pandemia (Muerte Negra o Peste Negra) de la historia llegó a Europa en barcos genoveses. En 1710, el ejército ruso se enfrentó a los suecos lanzando cadáveres infectados con peste contra las murallas de Tallin. En 1916, defensores escandinavos repartieron ampollas de ántrax (carbunco) en cuadras de caballos rusos, mientras que un laboratorio secreto de Maryland fabricaba muermo para infectar campos y fincas en Baltimore y Nueva York. Esta sustancia tóxica también fue utilizada por agentes alemanes en el puerto de Buenos Aires (Argentina).

Tanto ántrax como muermo son enfermedades infecciosas que atacan a los animales pero que pueden ser transmitidas al hombre.

En 1925, el Protocolo de Ginebra prohibió la utilización bélica de armas químicas y biológicas, aunque no se involucró en el veto y penalización de la producción, almacenamiento y venta de las mismas, protocolo que fue cumplimentado en tratados posteriores como el de 1972 anteriormente citado.

Contenido de líquidos en diversos alimentos de origen animal o vegetal

Objetivos:

Determinar el porcentaje de líquidos (básicamente agua) en alimentos de consumo habitual.

Material:

- Tubos de ensayo resistentes al calor, pinzas de madera, tijera o bisturí y mechero de laboratorio u otro suministrador adecuado de calor.
- Muestras de diferentes tipos de carne, salchichas, cebolla, etc.

Método:

1. Anota en la tabla adjunta el nombre del alimento investigado y en el cuadro correspondiente el peso de un tubo de ensayo nuevo.
2. Cortar un trozo de muestra de alimento en partículas muy pequeñas e introducir cuidadosamente, ayudándose de la varilla, sin comprimir, en el tubo de ensayo hasta completar la quinta parte de la capacidad del tubo. Pesa y anota en la tabla.
3. Calienta, suave e intermitentemente el tubo –sujeto a una pinza y con él apuntando fuera de la posición de personas– hasta eliminar todo el líquido (básicamente agua) posible. Lo correcto sería una leve inclinación hacia abajo del tubo con las porciones de alimento esparcidas, agilizando así el movimiento de evaporación y desprendimiento de líquidos. Se girará el tubo despacio y constantemente alrededor de sí mismo a la vez que agitamos suavemente con frecuencia para que, mientras se elimina el líquido acumulado en las paredes del tubo que se calienta, se eluda el riesgo de rustido (tostado) excesivo en alguna fracción de la muestra.

4. Apagamos el mechero, esperamos que se seque el tubo y al resultado sólido obtenido lo llamaremos **resto seco**. Pasado un cierto tiempo pesamos el tubo con la máxima precisión posible, anotamos el dato y ya podemos completar los apartados correspondientes de la tabla. Repite la experiencia con el mismo alimento y compara resultados.

Alimento	Peso del tubo (g)	Peso del tubo y muestra (g)	Peso del alimento (g) = peso del tubo y muestra menos peso del tubo	Peso del resto seco (g) = peso del tubo y resto seco menos peso del tubo	Peso del líquido (g) = peso de la muestra (alimento) menos peso de resto seco	Porcentaje de líquidos en el alimento

En los vegetales (verduras y hortalizas), el líquido es el componente más abundante (80-90 %).

Conclusiones:

Presencia de nitritos, cloruros, carbonatos y sulfatos en la carne

Objetivos:

Análisis químico identificativo de nitritos, cloruros, carbonatos y sulfatos en uuna muestra de carne.

Material:

- Mechero de laboratorio u otro suministrador adecuado de calor.
- Tubos de ensayo limpios y resistentes al calor, gradilla, embudo, papel de filtro, pinzas de madera, soporte, probeta, varilla, tijera, bisturí u otro instrumento de cortar, pinza, nuez y pipetas.
- Muestras de carnes de distintas procedencias y agua destilada.
- Reactivos: Tiras de ensayo 110007 Merck (reactivo indicador de nitritos MQuant, MQ, láminas de poliéster biodegradable fácil de usar).
- Cloruro de bario, $BaCl_2$ (solución 0,5 M), amoniaco, NH_4OH, ácido clorhídrico diluido y nitrato de plata 0,1 M.

Método:

a. **Nitritos**

Determinar la presencia y concentración de nitritos en alimentos, cuyo consumo excesivo pueda resultar dañino para la salud: las nitrosaminas son compuestos resultantes de reacciones químicas con peligro cancerígeno (gastrointestinal) producido por la ingestión superflua o continuada de este tipo de alimentos que contienen sustancias químicas añadidas como conservantes.

Los nitritos se suelen encontrar en alimentos vegetales a causa de los procesos de fertilización y conservación, también en productos cárnicos, en este caso, consecuentes de los procesos de conservación y coloración a la que han sido sometidos.

Para determinar la presencia y concentración de nitritos en la carne, utilizaremos unos reactivos de análisis, previamente ingeniados para este tipo de identificaciones.

1. En un vaso de precipitados de tamaño adecuado introducimos una rodaja de carne, que ya la hemos pesado; y añade agua destilada (unos 45 mL) suficiente para cubrir completamente la loncha de carne.

2. Dejar reposar unos 35 minutos y, a continuación, retirar la rodaja del vaso con una pinza.

3. Extraer del envase una tira reactiva de indicador de nitritos y seguidamente cierra el tubo con rapidez para evitar el deterioro de las tiras restantes.

4. Meter y sacar la tira reactiva en el vaso del apartado 2, procurando que la zona de reacción quede totalmente en contacto con el líquido del vaso de precipitados.

5. Al sacar la tira reactiva sumergida, deshaciéndose del líquido sobrante y, transcurridos unos segundos, compara visualmente la zona de reacción con la escala de colores del test que nos informará –si los hubiera– de la muestra de **nitritos** y proporción de los mismos observando la escala de colores. Repite la práctica y compara los resultados.

Nota: transcurrido el tiempo de reacción puede ocurrir que la zona de reacción cambie de color, esta variación no se tendrá en cuenta en la estimación.

b. Cloruros, carbonatos y sulfatos

1. Cortar un trozo de carne en porciones pequeñas e introducir cuidadosamente ayudándote de la varilla en el tubo de ensayo, sin comprimir, hasta completar 1:5 de la capacidad del tubo.

2. Calienta, suave e intermitentemente, el tubo de ensayo con pinza hasta eliminar el líquido (mayormente agua). Conviene colocar el tubo ligeramente inclinado hacia abajo y la muestra lo más extendida posible para facilitar la salida de vapor; en el tubo se condensará el líquido en sus paredes, para evitar esto, se agita el tubo de vez en cuando hasta que quede seco y enfriar. A continuación, se prosigue el calentamiento hasta convertirlo en carbón y se espera que se enfríe.

3. A continuación, añade agua destilada hasta ocupar más de la mitad del tubo (3/4).

4. Agitar con firmeza y cuidado para que se disuelvan las sales que posiblemente puede contener la carne.

5. Anteriormente habrás montado un embudo sujeto a una pinza, la cual, a su vez, está sujeta a un soporte.

6. En el embudo coloca adecuadamente el papel de filtro y debajo del embudo colocamos un vaso de precipitados para recoger el líquido.

7. Filtrar el contenido del tubo, el líquido resultante se reparte en tres tubos de ensayo.

Tubo A: Añade 2 gotas de nitrato de plata 0,1 M. La formación de precipitado blanco que, si es soluble en amoniaco diluido, implicará la presencia de **cloruros**.

Tubo B: Añade, con las debidas precauciones, dos gotas de ácido clorhídrico deslizándose por las paredes del tubo. La aparición de burbujas de CO_2 (efervescencia) indicará la presencia de **carbonatos** en la carne que, de ser reducida, disminuirá su tamaño y duración con la consiguiente dificultad de percepción de las mismas.

Tubo C: Añade 2 gotas de cloruro de bario (solución). La formación de precipitado blanco insoluble si se le añade hidróxido amónico (amoniaco) diluido, implica la presencia de **sulfatos**.

Actividades:

a. Con los datos obtenidos completa el esquema adjunto y razona el resultado:

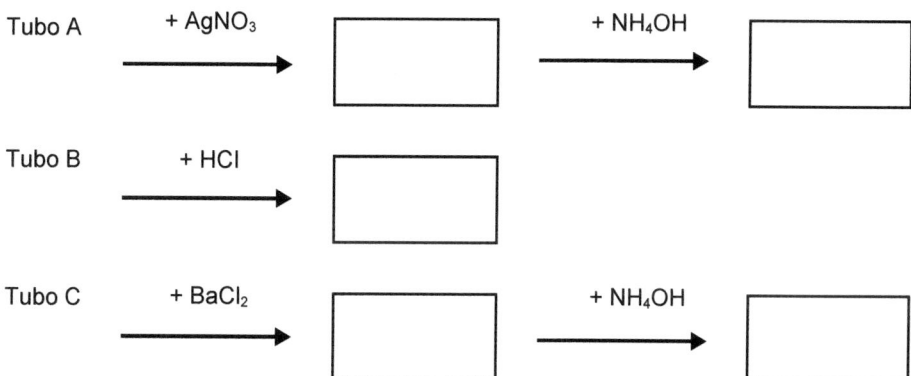

b. Repite la práctica utilizando otras muestras de carne.

c. Ver práctica Reconocimiento de la albuminuria en la orina.

Determinación de sulfatos en un vino

Si bien la penicilina cura a los hombres,
el vino les hace más felices
Alexander Fleming

Normativa vigente de la comunidad económica europea (CEE) sobre los límites máximos de contenido en sulfatos (K_2SO_4) que detalla lo siguiente:

- Vinos secos: 1g/L
- Vinos edulcorados: 1,5 g/L
- Vinos con contenido en azúcares reductores: 1,5 g/L
- Vinos con añejamiento de dos años: 1,5 g/L

Objetivos:

a. **Presencia cualitativa** de sulfatos en un vino.
b. **Presencia cuantitativa** de sulfatos (en forma de sulfato de potasio) en un vino. En este apartado averiguaremos la cantidad de sulfato de potasio en un vino (g/L) y, por ende, si observa la normativa europea vigente.

Material:

Embudo y papel de filtro, soportes, pinzas, cuentagotas, gradilla con tubos de ensayo de tamaño adecuado, probetas, pipetas, varilla, mechero de laboratorio y vasos de precipitados

- Vidrio de reloj, balanza analítica
- Vino (preferible que en la etiqueta indique sulfatos)
- Cloruro de bario dihidratado ($BaCl_2 \cdot 2H_2O$), ácido clorhídrico al 35% y agua destilada
- Cloruro de bario (0,5 M)

Método:

a.
1. En un tubo de ensayo añadimos 0,5 mL de vino y cinco gotas de cloruro de bario (solución 0,5 M).
2. Calienta con cuidado el tubo sujeto a un soporte en un baño de agua y esperar que se enfríe.
3. Dejar reposar –tardará en depositarse– hasta que decante el sulfato de bario que se pueda formar.

b.

1. Preparamos una solución 0,057 M de $BaCl_2 . 2H_2O$.

2. Derramamos cuidadosamente 250 ml de cloruro de bario dihidratado 0,057 M en un vaso de precipitados.

3. En la campana (vitrina) de gases, añadimos, con las debidas precauciones, 12,5 mL de HCl 35% en el vaso del apartado anterior.

4. En un tubo de ensayo derramamos, cuidadosamente, 10 mL de vino añadiéndole, 1 mL de la solución de $BaCl_2 . 2H_2O$ 0,057 M preparada en el apartado 3.

5. Se calienta, con precaución, el tubo hasta ebullición y, a continuación, se coloca en la gradilla, se deja enfriar y filtramos el sólido depositado.

6. Agregamos gotas de la solución preparada al filtrado y si vemos que se forma un nuevo precipitado implica que en el vino investigado hay más de un gramo de K_2SO_4 por litro de vino.

7. Repetimos la experiencia, pero añadiendo 2 mL de la solución preparada al filtrado, si se ha formado otro nuevo precipitado, indicará que el vino investigado tiene más de 2 g/L de sulfato de potasio.

Conclusiones:

Dureza del agua

La dureza del agua es un dato que tenemos que estimar en la utilización de la misma, ya que no es recomendable el uso habitual de *aguas duras*.

Definimos el concepto de *dureza* del agua como la suma de las concentraciones de iones de Mg^{2+} y Ca^{2+} en una muestra de agua y que viene expresada en mg/L. Un agua se considerará *dura* si la concentración (mg/L) de sales que presenta en disolución se acerca a una concentración de carbonato de calcio ($CaCO_3$) de 120 mg/L. A partir de 180 mg/L de concentración se clasificará muy *dura*.

La notable presencia de los citados iones implica molestos inconvenientes: más gasto de jabón para producir espuma, depósitos e incrustaciones en vasijas, aparatos domésticos e instalaciones industriales con el consiguiente deterioro, etc.

Objetivos:

Identificar los iones que especifican la dureza de las aguas.

Material:

- Tubos de ensayo, gradilla, probeta, vasos de precipitados, varilla, cuentagotas o pipetas de Pasteur y balanza analítica.
- Jabón en escamas, agua destilada.
- Reactivos: cloruro de sodio NaCl, sulfato de magnesio $MgSO_4$, sulfato de hierro (II) $FeSO_4$, sulfato de calcio $CaSO_4$, cloruro de calcio $CaCl_2$ y metanol.

Método:

1. Pesamos 0,018 g de cloruro de sodio (NaCl) y lo introducimos en un tubo de ensayo que contiene 1,8 mL de agua destilada; agitamos y etiquetamos.
2. Pesamos 0,018 g de sulfato de magnesio ($MgSO_4$) que añadiremos a los 1,8 mL de agua destilada contenida en el segundo tubo de ensayo; agitamos y etiquetamos.
3. Repetimos la praxis con cada una de las siguientes sustancias (sales) hasta completar los cinco tubos de ensayo dispuestos en la gradilla.
4. Pesamos 5 g de escamas de jabón y las sumergimos en una mezcla formada por 0,5 L de agua destilada y 0,5 L de metanol, agitando con la varilla.
5. Añadimos en cada uno de los tubos de ensayo una pequeña porción (siempre la misma cantidad) de la solución recientemente preparada, agitando con cuidado.
6. Anota y comenta las observaciones.

Cuestiones:

Después de informarte convenientemente redacta un informe sobre la dureza de las aguas y su influencia en la salud, hogar e industria.

Investigación del almidón

Objetivos:

El almidón es un polisacárido constituido por polímeros, moléculas de glucosa que se unen por enlaces glucosídicos. Se encuentra en vegetales: tubérculos (patatas, boniatos), semillas, etc, asumiendo el almacenamiento energético de las plantas.

En esta práctica vamos a investigar la presencia de almidón en algunos alimentos (patata, cebolla, maíz).

Material:

- Mortero con mano, vasos de precipitados, tubos de ensayo, agitador (varilla).
- Microscopio, portaobjetos y cubreobjetos, mechero, o baño maría.
- Líquido de Lugol.
- Patata, cebolla, maíz.

Método:

1. Triturar un trozo de patata en el mortero con un poco de agua e introducir la mezcla en un vaso de precipitados, añadiendo a continuación una cierta cantidad (unos 90 mL) de agua muy caliente, mezclando bien el contenido con una varilla.
2. En un tubo de ensayo se introduce una pequeña cantidad de la solución de almidón (apartado 1) y cuando esté fría, si derramamos sobre ella una gota de solución de Líquido de Lugol, aparecerá un color azul-violeta que implicará la presencia de almidón, coloración que desaparece al calentar la solución en baño maría.
3. Repetir el proceso con las otras soluciones preparadas de cebolla y maíz.
4. Observa en el microscopio muestras de las tres soluciones.

Actividades:

Completa la tabla adjunta y redacta las consiguientes conclusiones:

	Patata	Cebolla	Maíz
Líquido de Lugol			
Microscopio			

Detección de aditivos en los alimentos (1): Conservantes

Se conocen como aditivos alimentarios a las sustancias que se añaden, en pequeñas cantidades bien repartidas, a los alimentos para proporcionarles propiedades o mejorar las que poseen (duración, color, sabor, etc.), adaptando así, más adecuadamente, el proceso de elaboración a su idóneo consumo.

La *vida* relativamente breve de los alimentos, ha obligado a desarrollar diversas tecnologías de conservación de los mismos, evitando así, las alteraciones ocasionadas por microorganismos cuyo desarrollo depende de factores como la humedad, clima, transporte, temperatura y, en general, del medio ambiente que les rodea.

Clasificación:

Antioxidantes: aditivos utilizados para ralentizar o también evitar el enranciamiento oxidativo (deterioro que se manifiesta en la alteración del sabor de algunos alimentos de considerable contenido en grasas).
Ejemplos:

Sulfitos: vino, moluscos (crustáceos), salsas, conservas vegetales, etc.
Ácido ascórbico: conservas, zumos, repostería, conservas, etc.

Antimicrobianos: aditivos que retardan la actividad de bacterias, levaduras y mohos.
Ejemplos:

Benzoato de sodio: productos lácteos, bollería, conservas de pescado, etc.
Ácido sórbico: refrescos, repostería, verduras, etc.
Nota: algunos aditivos actúan como antioxidantes y antimicrobianos.

Objetivos:

Investigación del ácido bórico (boratos) en una gamba.

Material:

– Varilla de vidrio, espátula, cápsulas, pipetas.
– Reactivos: metanol y ácido sulfúrico concentrado.

Método:

Investigación de la presencia de ácido bórico como conservante.

La acidificación es una técnica de conservación que consiste en añadir al alimento una solución ácida, reduciendo el pH del alimento y así retardar la acción nociva de los gérmenes patógenos (putrefacciones, enmohecimientos, fermentaciones, etc.). Las soluciones utilizadas suelen contener ácido acético, ácido cítrico, etc. También se utilizaba, sobre todo para crustáceos, ácido bórico –un buen preservador de alimentos– actualmente de utilización ilegal por sus dañinas consecuencias para la salud (prohibido desde 1983).

Para realizar esta investigación nos basaremos en la práctica de **investigación de aniones (boratos):**

1. En una cápsula de porcelana de tamaño adecuado, desmenuza el crustáceo utilizando la espátula.
2. Separamos una pequeña parte del crustáceo triturado y la colocamos en otra cápsula de porcelana, añadimos dos gotas de agua y dos de ácido sulfúrico concentrado, removiendo cuidadosamente la mezcla.
3. Añadir unas 6 gotas de metanol.
4. Enciende con las debidas precauciones la mezcla con un fósforo de seguridad, la aparición de llama verde implica la presencia de conservante (ácido bórico) en el alimento.

Cuestiones:

Interpreta el proceso químico correspondiente e infórmate sobre la problemática en la utilización de ciertos conservantes.

Detección de aditivos en los alimentos (2): Colorantes

Objetivos:

Investigación de la presencia de colorantes en las golosinas (confites, caramelos, chuches, etc.).

Colorantes: en la industria alimentaria se utilizan para mejorar el aspecto de los productos. Ver práctica Cromatografías.

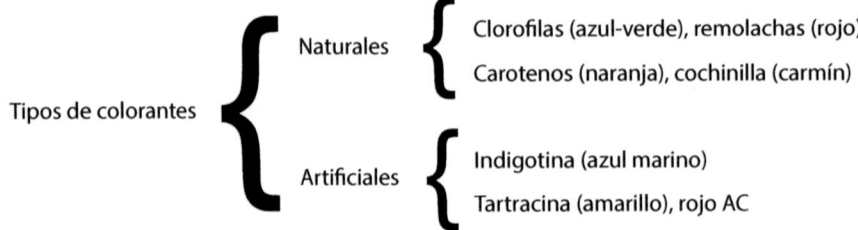

Tipos de colorantes
- Naturales
  - Clorofilas (azul-verde), remolachas (rojo)
  - Carotenos (naranja), cochinilla (carmín)
- Artificiales
  - Indigotina (azul marino)
  - Tartracina (amarillo), rojo AC

Material:

- Papel de filtro, cúter.
- Alcohol isopropílico (isopropanol).
- Recipiente, varilla, vasos de precipitados, embudo de decantación.
- Golosinas: confites, lacasitos, piruletas, etc.

Método:

Extracto líquido de Lacasitos®: se rasca la capa externa de la golosina (donde, lógicamente, se encuentran los colorantes), se añade un poco de agua y la solución turbia obtenida se separa por **decantación** (separación de un líquido de un sólido insoluble sedimentado) para evitar vestigios de azúcar y otras sustancias, que tanto estorban en estos procesos. Para el rascado se utiliza un cúter u otro utensilio adecuado, con las debidas precauciones para evitar accidentes. Utilizando la cromatografía ascendente (sobre papel), se coloca una gota del extracto líquido cerca de los extremos de una tira de papel de filtro de una longitud adecuada (unos 24 centímetros) que se introduce en un recipiente adecuado (**cubeta cromatográfica**) que contiene una cierta cantidad de disolvente (eluyente), mezcla de alcohol isopropílico-agua (80:20). Para facilitar el proceso, se puede hacer pasar la tira de papel de filtro sobre una varilla de vidrio colocada horizontalmente encima del recipiente, de modo que en un extremo del papel haya contacto con el eluyente y en el otro no.

Una dificultad que presenta este proceso es que los colorantes siempre se hallan en proporciones muy pequeñas, lo cual dificulta la identificación de los mismos.

Como ya se ha apuntado al principio, hay que evitar que los colorantes permanezcan enlazados a otros ingredientes.

El disolvente asciende a través del papel por capilaridad y arrastra a los componentes de la mezcla. Cada uno de ellos se mueve a una velocidad diferente debido a que se absorbe con distinta intensidad sobre la celulosa del papel. Al terminar, este se retira y los distintos componentes se van situando a lo largo de él. Algunas manchas pueden desaparecer. Las sustancias incoloras se pueden detectar, con las debidas precauciones con luz ultravioleta, o bien, rociándolas con reactivos químicos adecuados.

Nota: en el caso de chuches que presenten considerable cantidad de azúcar, se aconseja diluir en agua caliente, una muestra del dulce investigado procurando eludir así el azúcar, pero cuidando que la solución resulte menos densa y seguimos con el proceso.

Actividades:

1. Comprobar que las golosinas del listado adjunto contienen sus respectivos colorantes.
2. Repite la experiencia con otras golosinas tomando nota de los conservantes que contienen consultando los datos correspondientes.

Listado reducido de colorantes alimentarios

Código	Nombre ordinario	Color	Golosinas en cuyas listas de ingredientes figuran
E - 133	Azul brillante FCF	Azul claro	
E - 129	Rojo allura AC	Rojo mora (rojo intenso a oscuro)	
E - 120	Cochinilla (ácido carmínico, carmín)	Puede variar desde rojo a violeta	(sabor cereza y fresa)
E - 141	Complejos cúpricos de clorofilas	Verde	
E - 100	Curcumina (extraído de la raíz de cúrcuma)	Amarillo brillante que puede evolucionar a naranja	
E - 101	Riboflavina	Amarillo débil a naranja	
E - 160a	Beta caroteno (extractos vegetales y sintéticos)	Puede variar de naranja a amarillo	
E - 162	Rojo remolacha	Rojo a morado	

Detección de aditivos en los alimentos (3): Edulcorantes

Edulcorantes: aditivos que incorporan sabor azucarado a la sustancia a la que se añaden.

Objetivos:

Investigación de la presencia de edulcorantes en bebidas refrescantes.

En esta práctica indagaremos la presencia de los ciclamatos (sales del ácido ciclámico, $C_6H_{11}NHSO_3H$) en la gaseosa. Desde 1970, el ciclamato (E-952) no está autorizado en Estados Unidos como edulcorante por considerarlo dañino para la salud.

Se trata de un edulcorante no calórico cincuenta veces más poderoso como endulzante que otros edulcorantes no muy calóricos. El ciclamato fue sintetizado en 1937 comenzó a ser utilizado como edulcorante artificial en 1950.

Los edulcorantes pueden ser naturales y artificiales:

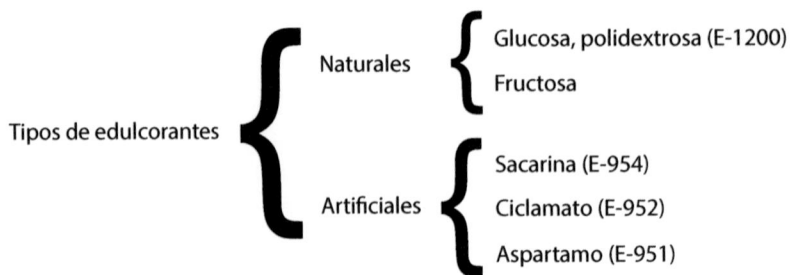

Material:

- Vasos de precipitados, tubos de ensayo grandes, varilla, pipetas, probetas de diferentes tamaños, aros y soportes.
- Embudo con papel de filtro y balanza analítica.
- Reactivos: ácido clorhídrico 35%, nitrito de sodio y cloruro de bario dihidratado.
- Soda gaseosa o bebida refrescante con información que indique contenido de ciclamato.

Método:

1. Prepara 50 mL de una solución de $BaCl_2 \cdot 2H_2O$ 0,52 M (solución A).
2. Prepara 50 mL de una de $NaNO_2$ 1,61 M (solución B).
3. En una vitrina de gases (para evitar el desprendimiento descontrolado de los mismos) se vierten en un vaso de precipitados 98 mL de soda, añadiendo 2,5 mL de ácido clorhídrico 35%. Con la varilla se agita hasta la desaparición de burbujas, esto es, dióxido de carbono.
4. Con la pipeta agregar 0,9 mL de solución A; si aparece precipitado, esperar que sedimente y después hay que filtrarlo o decantarlo.
5. Con otra pipeta mide 0,9 mL de solución B, añadirla al filtrado y agitar suavemente con la varilla. La aparición de precipitado blanco ($BaSO_4$) mientras se liberan diminutas burbujas (N_2), indicará la presencia de ciclamato en la gaseosa.

Actividades:

Repetir la experiencia con bebidas gaseosas refrescantes similares de diferentes marcas, contrastando los resultados con los datos facilitados en envases.

Identificación de la glucosa en las frutas

Objetivos:

Vamos a investigar la presencia de la glucosa en las frutas.

Material:

- Tubos de ensayo, gradilla, mortero con mano, embudo, vaso de precipitados, mechero de laboratorio papel de filtro, pipeta, soportes y pinza.
- Reactivo de Fehling A, Reactivo de Fehling B y Reactivo de Benedict.
- Granos de uva, naturalmente se pueden utilizar otras frutas como ciruelas, fresas, etc.

Método:

a.
1. En el mortero trituramos unos granos de uva derramando un poco de agua destilada y filtrando después en el embudo recogiendo el líquido en el vaso de precipitados.
2. En un tubo de ensayo derramamos cuidadosamente 1,8 mL de líquido filtrado y a continuación 1,8 mL de reactivo de Benedict.
3. Calentamos el tubo de ensayo, con precaución, y si al llegar a ebullición, aparece una coloración pardo-rojiza, confirmará la presencia de glucosa en la uva investigada.

b.
1. En el mortero trituramos unos granos de uva derramando un poco de agua destilada y filtrando después en el embudo recogiendo el líquido en el vaso de precipitados.
2. En un tubo de ensayo derramamos cuidadosamente 4,5 mL de Fehling A y otros 4,5 mL de Fehling B y, a continuación, añadimos al mismo tubo de ensayo 3,5 mL del líquido resultante del filtrado.
3. Calentamos el tubo de ensayo, con precaución, y si al llegar a ebullición, aparece una coloración pardo-rojiza, confirmará la presencia de glucosa en la uva investigada.

Nota: se aconseja el método A porque es más cómodo ya que solo se utiliza un frasco, es estable y de parecidos efectos.

Iniciación al estudio experimental de la composición nutricional de la leche

Objetivos:

Reconocimiento de grasas, glucosa, proteínas y otros nutrientes y componentes de la leche.

Material:

- Gradilla, tubos de ensayo, sistema de filtro, cápsula de porcelana, probeta y pipetas.
- Hidróxido de sodio (corrosivo), solución de sulfato de cobre (II) al 1%, solución de ácido acético al 1%, reactivo de Benedict, Sudan III (solución al 1%) y cloroformo (estabilizado con etanol).

Método:

1. Introducimos en una probeta 27 mL de leche y 45 mL de agua destilada.
2. Agregamos a la mezcla 18 mL de ácido acético al 1%. Agitando despacio la solución se irá formando un precipitado blanco (grasas y caseína que es una proteína rica en nutrientes) y un líquido transparente (suero de la leche).
3. Filtramos y en el precipitado quedan los grasas y caseína, mientras que el líquido filtrado (suero) contiene, principalmente, azúcar, agua, sales minerales y lactoalbúmina.
4. **Investigación de grasas:**

   a. En una vitrina de gases, coloca una pequeña porción del precipitado obtenido en un tubo de ensayo, agregando a continuación y con las debidas precauciones, 4,5 mL de cloroformo y agitando con cuidado después para que se disuelvan las grasas.

   b. En una cápsula de porcelana deposita una fracción del líquido, esperar que se evapore en el aire libre en la vitrina de gases y se irá formando un residuo de grasa, el cual, al añadirle una gota de Sudan III adquirirá una coloración roja anaranjada que indica la presencia de grasas (lípidos). Etiqueta la cápsula de porcelana y colócala junto a la gradilla situada en la vitrina de gases.

   Nota: el colorante Sudan III ($C_{22}H_{16}N_4O$) no se disuelve en agua, pero sí en las grasas a las que tiñe de rojo-naranja. Se utiliza también para la detección de grasa en los alimentos y heces. (Ver práctica de investigación de grasas en las heces).

5. **Investigación de glucosa:**

Utilizaremos uno de los métodos incluidos en la práctica de identificación de glucosa en las frutas.

En un tubo de ensayo sumerge 4 mL de líquido filtrado (suero) y derrama sobre él 3 mL de reactivo de Benedict. Calentar con precaución hasta ebullición y comprobarás que el primitivo color azul del reactivo de Benedict, cambia a amarillo y después se torna pardo-rojizo confirmando así la presencia de glucosa ya que la lactosa de la leche es un glúcido disacárido con capacidad reductora y que se encuentra formado por una molécula de glucosa y otra de galactosa, conectadas por un enlace glucosídico $\alpha(1-4)$.

Etiquetar el tubo de ensayo y colocarlo en la gradilla de la vitrina.

6. **Investigación de proteínas:**

Como en alguna práctica anterior utilizaremos el Test bioquímico de Biuret:

En un tubo de ensayo añadimos una pequeña porción de precipitado del apartado 3, después una solución de una bolita de NaOH en 5 mL de agua, calentar con cuidado la mezcla hasta su completa disolución y, esperar unos minutos antes de agregar 4 gotas de solución al 1% de $CuSO_4$. La coloración violeta que veremos nos indicará la presencia de proteínas (caseína, fosfoproteína presente en la leche y cuya misión es almacenar aminoácidos como reserva de nutrientes). (Una bolita de NaOH $\simeq 0,3$ g)

Etiquetar el tubo de ensayo y depositarlo en la gradilla de la vitrina.

Nota: también se puede confirmar con el anillo de Heller (Ver práctica de Reconocimiento de proteínas).

Otros nutrientes:

La leche puede contener –aparte de vitaminas– otros componentes como cloruros, sulfatos, carbonatos y elementos químicos como calcio, magnesio y fósforo. Entre los elementos traza en la leche están, entre otros, manganeso y cinc.

No conocemos ningún alimento, o combinación de alimentos,
capaz de hacer virtuosas o sabias a las personas que no lo son.

Francisco Grande Covián

Transformación de sacarosa en glucosa y fructosa

Objetivos:

Estudiar experimentalmente el proceso de conversión de sacarosa (disacárido) en dos azúcares simples, glucosa y fructosa mediante rotura enlaces según la reacción:

$$C_{12}H_{22}O_{11} + H_2O \longrightarrow C_6H_{12}O_6 + C_6H_{12}O_6$$

sacarosa   agua   glucosa   fructosa

que se basa en la reducción de Cu^{2+} a Cu^+ (Ver práctica de glucosa en la orina).

Sacarosa: azúcar de caña; azúcar ordinario de utilización doméstica.
Glucosa: dextrosa, azúcar de uva.
Fructosa: levógira, azúcar de plantas verdes, frutas y miel, muy parecida a la glucosa.

Material:

– Vaso de precipitados, tubos de ensayo, gradilla, varilla, soportes, pipetas, pinza de madera, rejilla, aro, pinza, mechero y varilla.
– Reactivos: ácido clorhídrico (HCl), azúcar común, reactivo de Benedict (sulfato de cobre (II) mezclado con otras sustancias) hidrógeno carbonato de sodio (bicarbonato de sodio), $NaHCO_3$ y agua destilada.

Método:

1. Disuelve un tormo o un sobre de azúcar en un vaso de precipitados que contiene 100 mL de agua.
2. Con una pipeta introduce 2 mL de la solución anterior en un tubo de ensayo al que añadiremos, a continuación, 2 mL de reactivo de Benedict.
   Calentar el tubo, con precaución, sujetándolo con una pinza de madera hasta hervir, comprobamos que no se forma precipitado, confirmando así que no hay glucosa.

3. Añade, con precaución, unos 7 mL de ácido clorhídrico concentrado al vaso de precipitados que contiene el resto (98 mL) de la solución azucarada, agitando un poco y con las debidas precauciones.

4. Coloca el vaso de precipitados encima de una rejilla situada sobre un mechero de laboratorio, calentando poco a poco –con cuidado– la solución hasta que hierva un cierto tiempo.

5. En un tubo de ensayo, derramamos unos 2 mL de la solución hervida anterior y agregamos una pequeña cantidad de bicarbonato de sodio para que desaparezcan las burbujas.

6. A continuación, añadimos despacio gotas de reactivo de Benedict, calentamos lentamente hasta hervir y observaremos la formación de un precipitado rojo indicativo de la formación de glucosa.

Cuestiones:

- Interpreta el proceso químico realizado.
- Explica el cometido del bicarbonato de sodio en la práctica.

7.

ANÁLISIS FORENSE

La Química Forense es una rama de la ciencia que se encarga del análisis, clasificación y determinación de aquellos elementos y sustancias relacionadas con un procedimiento o hecho ilícito, para su esclarecimiento o resolución. El término *forense* deriva del latín *forensis,* esto es, *del foro,* plaza pública donde se trataban en Roma los negocios públicos y donde los pretores (magistrados romanos) celebraban los juicios.

El campo de investigación de la Química Forense es amplio y diverso: contaminación y medio ambiente (vertidos y emisiones), incendios, explosiones, pirotecnia, residuos traza de armas de fuego, investigación de documentos y cheques o talones bancarios, fraudes, identificación de fibras, tejidos y vidrios, sangre y demás fluidos biológicos, toxicología, atropellos, accidentes, atentados, homicidios, agresiones sexuales o de otro tipo, etc.

CRIMINOLOGÍA

Ciencia social que investiga las causas y circunstancias de los distintos delitos, la personalidad de los delincuentes y el tratamiento adecuado para su represión. (Definición de la Real Academia Española, RAE).

La Criminología analiza los móviles que conducen o provocan el delito, la determinación de los factores que informan sobre la cultura y formación del sujeto criminal, esto es, la etiología (causa) del delito. En resumen, la Criminología intenta establecer una tipología social de los delincuentes. Esto implica que esta ciencia es crimen, sociología, antropología y derecho.

Las infracciones cometidas contra la Ley del Medio Ambiente, atentando contra el entorno natural, animales y vegetales que lo pueblan, así como la salud y bienestar de las personas que lo habitan, son investigadas y propuestas a sanción por una sección de la Criminología que se conoce como Criminología medioambiental.

CRIMINALÍSTICA

Estudio de los indicios de un hecho criminal con el fin de determinar todos los datos posibles relativos a la víctima o a las circunstancias del crimen (RAE).

La Criminalística se trata de una ciencia complementaria del Derecho Penal que, mediante sus investigaciones respaldadas por la Física y Química, conocidas como ciencias duras (utilizan el lenguaje matemático propio de ciencias exactas) se encarga de la investigación del delito y delincuente proporcionando así a la Justicia las periciales (informaciones a la judicatura sobre determinados hechos) necesarias para la resolución de los diferentes casos, que al adquirir el rango de forenses, las ciencias utilizadas (entre ellas biología, geología, antropología, etc.) en su resolución pasan a la categoría de ciencias blandas ya que implican la posibilidad de división de opiniones entre los técnicos designados para la resolución del caso.

La Policía Técnica o Policiología se encarga de aplicar las reglas prácticas adecuadas para emplazar y detener al transgresor.

El trabajo conjunto entre la Policía Técnica y los peritos de criminalista se realiza como sigue:

- Fase 1: Investigación sobre si ha habido delito o infracción y la correspondiente determinación de cómo se hizo y responsable del mismo (este cometido corresponde a los peritos de criminalística).
- Fase 2: Los peritos pasarán el resultado de sus investigaciones a la Policía Técnica que se responsabilizará, si procede, de la vigilancia, localización e informe al juzgado del presunto infractor de la ley.

1. **Laboratorios públicos de competencia estatal:**
   - **Comisaría General de Policía Científica**
   - **Servicio de Criminalística de la Guardia Civil**
   - **Instituto Nacional de Toxicología y Ciencias Forenses**
2. **Laboratorios de ámbito autonómico:**
   - **Unidades de Policía Científica de las diferentes CCAA**

A continuación, una nómina de disciplinas que aportan conocimientos, procedimientos y técnicas para agilizar, potenciar y optimizar las investigaciones de los peritos forenses (*expert witness*) de los procesos judiciales:

Documentoscopia: Análisis, mediante procedimientos o técnicas, de documentos públicos o privados para verificar su autenticidad.

Dactiloscopia: Identificación de un ser humano por sus huellas naturales, esto es, las impresiones que ha plasmado la huella de la yema de uno de sus dedos al tocar a un ser vivo, muerto o a un elemento suministran colaboración a la Justicia en la resolución del caso encomendado.

El revelado de huellas dactilares o latentes, invisibles al ojo humano, consiste en su desplazamiento sobre las superficies mediante secreciones corporales de los dedos. Esta técnica se puede realizar con polvos, esto es, utilizando partículas finas que se pegan a componentes acuosos o lipídicos en sedimentos de huella latente o superficies no porosas.

Lofoscopia: Ciencia que se utiliza en criminología para investigar las crestas papilares para la identificación de individuos.

Crestas papilares son diseños (lofogramas) lineales epidérmicos y redondeados que, alternando con surcos de semejante disposición, forman los diferentes dibujos visibles en las palmas de las manos, dedos y plantas de los pies.

- El **cianoacrilato de etilo** caliente produce vapores que reaccionan con restos invisibles o difícilmente visibles de huellas dactilares y junto con el vaho de la atmósfera forman un polímero de color blanquecino en las crestas de las huellas dactilares. El cianoacrilato de etilo (que se puede presentar con distintos nombres comerciales) es un compuesto muy tóxico que se utiliza con las debidas precauciones. Para agilizar las investigaciones en huellas invisibles también se pueden utilizar colorantes brillantes.
- La **ninhidrina** se utiliza en el revelado de huellas latentes (roce o contacto de las yemas de los dedos, palmas de las manos y plantas de los pies) en impresiones lofoscópicas sobre el papel. (Ver práctica de la ninhidrina).

Antropología forense: Utilización de la antropología física o biológica en la investigación de cadáveres y residuos o vestigios óseos.

Antropometría: Estudio de las proporciones y medidas del cuerpo humano.

Balística: Estudia las armas de fuego y el movimiento de los proyectiles involucrados en un crimen o acto delictivo.

Fotografía: Técnica o procedimiento de obtención de imágenes fijas de la realidad sobre una superficie sensible o un sensor por medio de la luz y sustancias químicas. También se puede utilizar un soporte digital e informático para producir imágenes.

Fotogrametría: Técnica o procedimiento de investigar y definir con precisión la forma, dimensiones y posición en el espacio de un cuerpo o pieza mediante medidas efectuadas sobre fotografías del mismo.

«Arte, ciencia y tecnología para la obtención de medidas fiables de objetos físicos y su entorno, a través de grabación, medida e interpretación de imágenes y patrones de energía electromagnética radiante y otros fenómenos» definición de la Sociedad Americana de Fotogrametría y Teledetección.

En resumen, definiremos fotogrametría como una técnica de medición de coordenadas 3D mediante fotografías y diferentes sistemas de percepción distante, utilizando características que presenta la superficie de un relieve.

Odontoestomatología forense: El Derecho Laboral, Civil y Penal utiliza los conocimientos odontológicos como procedimiento de identificación de cadáveres y otros datos (alimentarios, sociales, culturales, etc.). Esta técnica puede inducir a error en la identificación de mordeduras de presuntos agresores.

El alginato de sodio se suele utilizar para realizar impresiones dentales tanto de delincuentes como de víctimas.

Botánica forense: Podríamos definirla como el uso de plantas, polen, semillas, flores, frutas, etc., en investigaciones de tipo legal y penal.

Meteorología forense: Se utiliza para hacer recreaciones de sucesos climáticos en una determinada situación mediante testimonios, declaraciones, satélites del clima del lugar e imágenes de radar. Se suele aplicar en procesos judiciales e investigaciones delictivas.

Metalurgia forense: Esta disciplina se preocupa de la extracción y refinación de los metales a través de los minerales. También se define como la ciencia que trata de los metales y sus aleaciones. La metalurgia forense estudia mediante métodos analíticos las deficiencias de piezas y componentes industriales producidos por métodos mecánicos y corrosión. La relación de esta materia con la criminalística es, entre otras cosas, el análisis de las huellas en el arma metálica causante de la agresión y demás datos y pruebas necesarios para aclarar la fechoría cometida, así como resolver problemas creados por la corrosión, características morfológicas e irregularidades responsables de la deficiente eficacia de la pieza investigada.

Informática forense: Colabora en la detección de extracción de datos de ordenadores, móviles, emails; accesos, ataques ocasionados por los hackers, robos y chantajes informáticos, etc.

Quimiometría forense: Aplicación de métodos estadísticos y matemáticos para potenciar la información química forense (relacionar decomisos de drogas y sustancias ilegales de distinto origen, etc.).

«Disciplina química que utiliza métodos matemáticos y estadísticos para diseñar o seleccionar procedimientos de medida y experimentos químicos y para proporcionar la máxima información química mediante el análisis de datos químicos» definición de la International Chemometrics Society ((ICS), 1975.

Optometría forense: Entre otros cometidos, esta disciplina se utiliza en la investigación de gafas y otros complementos ópticos que pueden ser necesarios en el esclarecimiento de un hecho delictivo. Ejemplo: con el índice de refracción de la luz en el cristal de un coche se puede resolver un crimen.

Psiquiatría forense: Se aplica al Derecho y a los sucesos y materias –penales, legislativas, responsabilidades y tratamientos mentales– que abarcan.

Lingüística forense: Se trata de un apartado de la Lingüística General que investiga documentos criminales y plagios, relaciones del lenguaje con asuntos legales y judiciales, estilos de expresión, traducciones, etc.

Grafología forense: Investigación de la autenticidad de firmas, escritos y textos para certificar la veracidad de la autoría del documento analizado.

Escultura forense: Se puede considerar, por ahora, como uno de los intentos más dificultosos de la ciencia forense en su método científico de identificación de víctimas anónimas de las cuales lo único que se posee es su cráneo y que, además, todas las estrategias aplicadas anteriormente no han funcionado. Para crear un cráneo tridimensional, se precisa de la colaboración, entre otros, de científicos, antropólogos forenses y artistas que –tomando de base el cráneo investigado– se pueda determinar la edad, sexo, raza y otros detalles que contribuirán a la reconstrucción del mismo lo que nos llevará a la resolución del caso investigado.

El porcentaje de efectividad de esta técnica es del 70%, ya que las zonas de labios, orejas y parpados no son muy compatibles con este tipo de investigación.

Dibujo forense: Los dibujantes (artistas) forenses realizan reconstrucciones faciales a mano en dos dimensiones del rostro facial de sospechosos y víctimas, facilitando a los investigadores la realización de identificaciones que sin estos datos hubiera sido más complicado conseguir.

Criminalística nuclear: Analiza e investiga las características y propiedades isotópicas y químicas del material nuclear y radiactivo relacionado con el espacio donde ha ocurrido el hecho delictivo.

Audio forense: Grabaciones de sonido susceptibles de presentarse como prueba admisible en un proceso judicial.

Animación forense (Infografía forense): Reproducción virtual de un suceso delictivo y también de todo tipo de accidentes de tránsito, utilizando los datos, evidencias y conclusiones localizados en la escena del incidente para presentarlos a la justicia.

Por lo tanto, la criminalística es crimen, ciencia, arte y tecnología.

TOXICOLOGÍA FORENSE

La toxicología investiga la presencia de venenos y sustancias nocivas, sus procesos de acción, efectos en el organismo y, también, los métodos adecuados para combatirlas y anularlas. Naturalmente, la toxicología tiene una gran importancia en el campo de la ciencia forense.

La toxicología estaba incluida en la medicina legal y farmacología hasta que Mateu Orfila (1787-1853) a mediados siglo XIX, la emancipó y promovió al rango de ciencia (**ciencia de los venenos** la denominó el médico balear).

Mateu Orfila nació en Mahón (Baleares), de familia agrícola acomodada, estudió Medicina y Química en Valencia. Para ampliar conocimientos viajó a Francia, donde permaneció toda su vida, aunque –pasado el tiempo– fue invitado por el gobierno de Fernando VII a establecerse en España, sugerencia que declinó.

Orfila estudió en la Facultad de Medicina de París, donde organizó cursos de Química y Ciencias Naturales (Biología y Mineralogía) que le granjearon cierto reconocimiento entre el alumnado y profesorado.

Farmacia Guinart (Barcelona)

Mateu Orfila publicó, entre otros libros, un *Tratado sobre los venenos* y otro sobre *Elementos de Química Médica* que, sumados a otros méritos, le supusieron el suficiente currículo como para ser nombrado profesor de la Facultad de Medicina, de la que llegó a ser decano y en la que introdujo considerables y beneficiosos cambios e innovaciones.

Orfila publicó numerosos e interesantes artículos en importantes revistas científicas como *Journal de Chimie Medicale, de Pharmacie et de Toxicologie.*

Mateu Orfila intervino como perito forense en significados procesos judiciales como el de Marie Lafarge, esposa de Charles Lafarge, acusada de asesinar con arsénico a su acaudalado esposo. El juez, ante las sospechas que se iban propagando, ordenó la exhumación del cadáver y se contrató a Orfila para que efectuara la investigación científica del caso. El menorquín, valiéndose del método de James Marsh (cuyo diseño veremos más adelante), demostró la culpabilidad de la imputada. Marie Lafarge fue la primera persona condenada por el testimonio de la ciencia forense.

Barrio de Sant Andreu (Ayuntamiento) (Barcelona)

El ADN en la química forense: Cuando la molécula correcta del ADN (ácido desoxirribonucleico, DNA en inglés) fue presentada en abril de 1953 por James D. Watson, Francis H. Crick y Maurice Wilkins que, junto a Rosalind Franklin, iniciaron la era de la biología molecular que permitió profundizar en el estudio de la herencia genética y la química celular.

Pero fue hacia mediados de los años 80 cuando se utilizó oficialmente, por primera vez, la prueba del ADN para validar la nacionalidad británica de un ghanés nacido en Londres, y que gracias a la solicitud de su abogado para que se aplicara la técnica de la huella genética (DNA) consiguió demostrar que era hijo de su madre y no de su tía ya que se sospechaba que era su primo con el pasaporte manipulado.

Las recogidas de muestra de ADN se tienen que hacer con mucho cuidado siguiendo las normas de la Sociedad Internacional Genética Forense (1999).

Para determinar el **perfil genético** de la muestra ya preparada, se estudiarán algunas regiones del **genoma** (dotación cromosómica de los gametos de una determinada especie) aunque se necesitan millones de copias de las regiones para su análisis. Este proceso se realiza por PCR (reacción en cadena de la polimerasa). El perfil obtenido se compara con las muestras recogidas o con las de referencia.

Nota: para que la prueba del ADN de pelo sea admitida tiene que ser del folículo piloso (parte de la piel que concentra las células madre) o la raíz del cabello.

La reacción en cadena de la polimerasa fue introducida por el bioquímico estadounidense **Kary Banks Mullis** (1944-2019) que, según afirmación suya, *mientras conducía su coche en 1983, se le ocurrió la PCR, técnica simple que podría crear todas las copias que quisiera de cualquier secuencia de ADN.* En 1993, Mullis obtuvo el Premio Nobel de Química por su indudable contribución con sus investigaciones sobre el duplicado de genes. Las siglas de la reacción en cadena de la polimerasa se han puesto de actualidad ya que la PCR constituye el fundamento de las pruebas de detección del Covid-19.

Kary Mullis fue iniciador de la **genómica** (conjunto de materias relacionadas con el estudio del genoma, su estructura, evolución y aplicaciones en la biotecnología).

Mullis, de personalidad polémica por sus opiniones, aficiones (playas californianas, *surfing*, etc.) y sorprendentes singularidades como planear la venta de partículas del cuerpo –obtenido del pelo– de famosos como Elvis Presley y Marilyn Monroe. Pero estas peculiares propuestas y demás excentricidades no enmascaran su notable contribución a la biología a la cual aportó, según afirma *The New York Times*, *el altamente original y significativo invento de Mullis que dividió virtualmente la biología entre dos épocas: de antes de PCR y después de PCR.*

Investigación forense de agresiones sexuales (Sexología médico-legal): *El que atentare contra la libertad sexual de otra persona, con violencia o agresión, será castigado como responsable de un delito;* así lo establecen las normas jurídicas actuales. Algunos especialistas definen como práctica de conductas sexuales manifiestamente dolosas (voluntad clara de cometer un acto delictivo) o eventualmente culpables que –con evidente desprecio a la víctima– le causan trastornos físicos o psíquicos de distinta identidad.

Los asaltos y abusos sexuales siguen vigentes y a pesar de la reforma de las leyes, no parece que esta apacigüe mucho a los agresores, dado que continúa siendo considerable el número de ataques de este tipo.

Como sabemos, la aplicación del ADN como tecnología forense cada vez se utiliza más y con muy buenos resultados como, por ejemplo, en la identificación del auténtico culpable de la violación y asesinato de dos chicas (en 1983 y 1986), cuya autoría de uno de ellos se atribuyó a un muchacho, que resultó inocente de ambas agresiones, según demostraron –mediante la técnica del ADN– los científicos A. Jeffreys, P. Gill y Dave Werrett (miembros del Forensic Science Service). El verdadero culpable era un vecino que se libró, pagando dinero a un amigo que se presentó en su nombre en las investigaciones de sangre y saliva que la policía de Leicestershire (condado inglés donde ocurrieron los hechos) realizó en unos cinco mil varones que vivían cerca de los lugares de los hechos.

Los peligros del autostop: una tarde de marzo de 1988, una joven estudiante que hacía autostop en las afueras de Zaragoza, apareció varios días más tarde lejos de la ciudad violada y asesinada.

Con los datos aportados por sus compañeras de estudios y las pertinentes investigaciones, la policía llevó a juicio a un presunto sospechoso, que negó la autoría de los hechos, manteniendo siempre su inocencia. El TSJA (Tribunal Superior de Justicia de Aragón) lo declaró culpable basándose, ante todo, en los análisis de sangre y semen realizados en los laboratorios de las cátedras de Medicina Legal de la facultad de Zaragoza y de la Universidad de Santiago. El abogado defensor reclamó que se investigara el código genético del acusado, esto es, la prueba del ADN que nunca se había solicitado en España, a la que la judicatura no la consideró necesaria ya que entendió que era suficiente con la prueba de marcadores genéticos[6] y, con el visto bueno de los peritos forenses que determinaron que el estudio del ADN no invalidaría las pruebas obtenidas. Sin embargo, la huella genética del ADN[7] habría supuesto un adecuado contraanálisis (análisis clínico realizado para confirmar otro anterior) para asegurar la certeza casi absoluta de culpabilidad si es que el resultado de la misma coincidía con el de los marcadores genéticos, porque, parece ser, se sabía de otro misterioso personaje que había infundido sospechas a la Guardia Civil, y con el estudio del código genético se hubieran evitado conjeturas y elucubraciones futuras.

La química forense en la investigación de incendios y explosivos*: Muchos siglos antes de nuestra era, el fuego ya era conocido, utilizado y muy apreciado por nuestros predecesores. Interés que siguió en aumento hasta, por ejemplo, la aplicación del calor a la metalurgia que dio lugar a la Edad de los Metales.

---

6 Marcador genético: segmento de ADN con una ubicación física en un cromosoma.

7 Huella genética (perfil genético): conjunto de marcadores genéticos propios de un sujeto.

* Ver página 129, La danza del fuego.

Las reacciones explosivas, conceptos a utilizar:

– Explosión: reacción química o cambio de estado, que se caracteriza por emisión de gases, luz y gran desprendimiento de energía calorífica, acompañada de ruido en un periodo de tiempo muy pequeño.

– Explosivo compuesto o mezcla que puede presentar una reacción explosiva por roce, choque o aumento de temperatura.

– Combustión: reacción de oxidación entre una sustancia y un oxidante en la que se desprende calor (se trata de una reacción exotérmica) y luz.

    La combustión, según el proceso fisicoquímico y la velocidad de la misma, se clasifica en combustión con llama y combustión incandescente.

– Combustión con llama: el combustible y el comburente (oxidante) son gases (ejemplo: gas butano con oxígeno del aire).

– Combustión incandescente: se trata de una combustión lenta que en vez de llama produce incandescencia; emite luz visible debida a la elevación de temperatura (ejemplo: brasas de cocinar, brasa de cigarrillo, etc.).

– Deflagración: combustión muy rápida que se propaga isobáricamente en una sustancia explosiva principalmente por conductividad térmica.

    Velocidad de propagación < 343 m/s (velocidad subsónica).

    Ejemplos de explosiones deflagrantes: mezcla explosiva de gas natural –combustible formado por metano (85%) con otros hidrocarburos y que una vez procesado se utiliza mucho en la vida doméstica, industria, transporte, etc.– y aire en condiciones normales.

– Detonación: explosión no isobárica provocada por una reacción química que libera una gran cantidad de energía y su velocidad es superior a 343 m/s (velocidad supersónica).

    La onda expansiva produce destrozos y roturas en los objetos aunque se encuentren formados por materiales muy duros.

    Ejemplo de explosiones detonantes: dinamita, nitroglicerina, trinitrotolueno (TNT), etc.

    La utilización de la explosión detonante para la obtención rápida de energía para la ingeniería civil (voladuras, minería, etc.) tiene su velocidad de detonación directamente proporcional a su potencia.

    El desprendimiento de energía luminosa en estos dos tipos de explosiones citadas se las conoce como llama.

    Temperatura de ignición: temperatura mínima a la cual una sustancia combustible inicia su combustión (empieza a emitir vapores combustibles).

QUÍMICA PSICODÉLICA

El psiquiatra Humphrey Osmond definió (1953) *psicodélico* como *el manifiesto de la mente* término que presentó en la Academia de Ciencias de New York como *lo que manifiesta el alma.*

La RAE define Psicodelia como 'excitación sensorial que se manifiesta con euforia y alucinaciones y que está producida por el consumo de drogas alucinógenas' Otra definición considera Psicodelia *la excitación sensorial que se manifiesta por euforia y alucinaciones producidas por sustancias visionarias, psicodélicos y psicodislépticos que facilitan la apertura de las puertas de la mente hacia lo desconocido.* La Química Psicodélica abarca la exploración y gestación de este tipo de alucinógenos –el pionero de los cuales fue el LSD sintetizado accidentalmente por Albert Hofmann– al que siguieron otros como MDMA, TMA, DOM y los que siguen y que posiblemente seguirán apareciendo, en el catálogo de drogas de diseño o drogas psicoactivas en el intento de agilizar la mente hacia la percepción y también, como veremos, su aplicación en Medicina.

Interpretando el concepto de química psicodélica, tenemos que entender que, aunque pueda parecer extraño, esta materia no es una parte actual de la química, ya que está vigente desde hace épocas en las que, aunque remotas, los hombres primitivos solían alegrar y potenciar sus consciencias con este tipo de sustancias, las cuales, posteriormente, se conocerían como sustancias psicodélicas o psicodélicos. Estos psicodélicos los proporcionaban las raíces y hojas de ciertas plantas que se solían encontrar muy irregularmente distribuidas por el globo terráqueo, lo que supuso que los habitantes de zonas ayunas de vegetación y con talante psicodélico, tuvieran que hacerse con raíces de otras regiones o países para poder cultivar y, por ende, consumir y disfrutar de este tipo de estimulantes. Normalmente seleccionaban las plantas más adecuadas para su agitación cerebral.

La escasez de producción de plantas como marihuana, opio y derivados, por razones climáticas en la Europa Occidental, contribuyó al abandono del consumo de este tipo de sustancias que no se volvió a recuperar hasta pasado mucho tiempo.

A principios de los años 60, Claudio Naranjo, después de experimentar con la ayahuasca (bebida tradicional indígena de varios países de Sudamérica, utilizada por sus propiedades medicinales y conocida también por sus efectos alucinógenos ocasionados por la presencia del DMT, dimetiltriptamina, en este tipo de plantas), se coaligó con Alexander Shulgin y Tony Sargent en la investigación y elaboración de una amplia gama de sustancias psicoactivas (hasta unos 100 psicofármacos). Estos científicos de sustancias visionarias –en el franqueo de las puertas de la mente hacia lo desconocido– Naranjo, Shulgin y Sargent introdujeron los psicodélicos para su aplicación terapéutica, hasta ese momento ostentada en solitario por el LSD. Naranjo y su equipo rehabilitaron al MDMA, sintetizado en los laboratorios Merck en 1912 y comercializado efímeramente como inhibidor del apetito, que al no funcionar lo que habían supuesto sus avaladores, fue retirado de las farmacias.

El conocido grupo musical californiano de la época álgida de la psicodelia (finales de los años 60), *The Doors*, en realidad su nombre completo –aunque no solía figurar en los créditos de las carpetas de sus discos– era *The Doors of perception* que, según su líder, Jim Morrison, podrían haber llevado al hombre al infinito. Ya en 1954, Aldous Huxley publicó The Doors of perception, cuyo título coincide con el designado por Morrison para su aventura musical.

Son bien conocidos los trastornos sufridos por el abuso del tabaco, alcohol, psicotrópicos... pero no lo es tanto la positiva influencia de los psicodélicos en la música, literatura, arte... y en la creación de nuevas formas de vida y también de antiguas culturas diseñadas bajo la influencia de la psicodelia. La relajación, estimulación y creatividad imaginativa de aquellos primitivos artistas y creadores se las deben al consumo de psicodélicos.

Aunque pasó mucho tiempo hasta que se reconociera la acción médica de los psicodélicos, debido a su equivocada investigación. Estas sustancias tienen aplicaciones en Medicina, entre otras, como antidepresivos, controladores del apetito y analgésicos. Eso sí, su consumo tiene que estar controlado bajo estricta prescripción médica, dado que su ingesta inadecuada conlleva serios trastornos secundarios, como se indicará con más detalle en las practicas dedicadas a este tipo de sustancias.

La psilocibina, es un alucinógeno visual derivado de ciertos hongos, al que recientemente se ha introducido en terapias rehabilitadoras de la ansiedad y depresión. Este alcaloide actúa en las zonas del cerebro gestoras del humor y la toma de decisiones y se utiliza también en la meditación y psicoterapias psicodélicas.

No hace mucho tiempo se estableció en la Universidad Johns Hopkins de Maryland, el Centro de Investigación Psicodélica y de Conciencia para investigar *cómo los psicodélicos afectan al comportamiento, estado de ánimo, cognición, función cerebral y marcadores biológicos de la salud* para facilitar y mejorar el tratamiento de las enfermedades mentales incluyendo depresiones. También en otros institutos de investigación de Estados Unidos y Europa se han iniciado estudios y experiencias sobre las ventajas (diligencia en la mejora) de la aplicación de la psilocibina en los tratamientos antidepresivos.

Psiconáutica.- El profesor Elliot Cohen especifica que esta materia trata de los medios para explorar e investigar la conciencia y sus estados alterados. Resumiendo, la psiconáutica –según este investigador de la Universidad Metropolitana de Leeds– en el estudio de la conciencia y del inconsciente es la metodología para explicar los efectos alterados de conciencia.

Psiconauta: navegante de la mente, a veces con el respaldo de alucinógenos que potencian la exploración.

Se llaman **drogas de diseño** a sustancias o fármacos psicoactivos fabricados a gusto del consumidor para obtener los efectos producidos por drogas prohibidas que se fabrican (sintetizan) en laboratorios ilegales, presentando la ventaja –al tener la estructura química modificada– de no figurar en las listas de estupefacientes desautorizados para el consumo. Estos psicoestimulantes a veces eran elaborados utilizando sustancias manipuladas o productos químicos rechazados por los laboratorios e industrias farmacéuticas, con el consiguiente aumento de toxicidad en su consumo.

Como ejemplos de drogas de síntesis, podemos citar éxtasis líquido (ácido gammahidroxibutírico, GHB) y el enérgico alucinógeno Special K (clorhidrato de ketamina), poppers, rohypnol, PCP (polvo de ángel, fenciclidina), etc.

Decía Paracelso (1493-1541), creador de la Iatroquímica o Química Médica, que la enfermedad se debe a una desproporción –por defecto o por exceso– de alguno de los principios que constituyen el reino animal; el reajuste devuelve la salud al enfermo. Siguiendo esta norma, a mediados del siglo pasado, un grupo de científicos se apartaron de la idea que se tenía entonces sobre la depresión (defecto condicionado por el carácter) y determinaron que se trataba de una enfermedad ocasionada por un desajuste químico debido a un descenso del nivel de serotonina (monoamina que actúa de neurotransmisor en las funciones cognoscitivas) en el cerebro y que se manifiesta por síntomas como cansancio, nerviosismo, insomnio, tristeza, ansiedad, irritabilidad, desinterés por el placer y la diversión, baja autoestima, etc. El tratamiento de esta enfermedad se basa en la utilización de fármacos que neutralicen la disminución del neurotransmisor (Ver práctica Investigación del MDMA).

Hace ya tiempo que se ha venido observando una progresiva inclinación a paliar la tristeza y demás efectos colaterales producidos por las malas noticias, problemas de la vida, etc., mediante la ingestión de antidepresivos como Prozac. El exceso de su consumo –que puede generar, entre otros inconvenientes, merma de facultades para enfrentarse a los reveses de la vida– ha sido causa de alarma entre las autoridades sanitarias inglesas, al conocerse la considerable proporción de fluoxetina que hace ya unos años, se detectó en las aguas del Támesis, claro indicativo de la desmedida circulación de este tipo de psicótropos.

Prozac, nombre comercial de la fluoxetina clorhidrato (hidrocloruro de fluoxetina), $C_{17}H_{18}F_3NO$ -HCl, sustancia blanca y cristalina utilizada desde hace ya cuarenta años como antidepresivo (en España se introdujo unos años más tarde), alcanzando tal aceptación que llegó a ser portada de revistas y motivo de inspiración para escritores, músicos y cineastas, por lo que llegó a significar para sus consumidores y detractores.

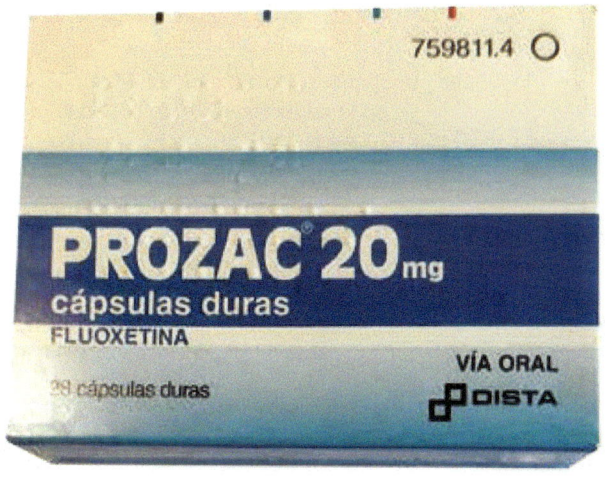

Laboratorio DISTA.

IDENTIFICACIÓN DE UN ESQUELETO

Ningún vencido tiene justicia
si el que lo juzga es su vencedor

Francisco de Quevedo

En el medioevo se creó en Aragón el defensor del pueblo, conocido como el **Justicia de Aragón**, institución que volvió a reaparecer en 1982 como defensor de los derechos y libertades de los ciudadanos, aunque en la actualidad, su cometido consiste en supervisar la actividad de la Administración, mediante sugerencias, informes y advertencias sobre temas de su competencia.

Plaza del Mercado donde se encontraba el cadalso en el que murió Juan de Lanuza y Urrea.

Don Juan de Lanuza y Urrea, asumió el nombramiento de Justicia de Aragón el 22 de septiembre de 1591, el mismo día del fallecimiento de su padre al que sucedió en el cargo. Solamente ejerció 89 días dicha responsabilidad ya que el 20 de diciembre de 1591 fue ejecutado –a los 27 años– sin juicio previo, por decisión de Felipe II, que lo acusó de sublevación e incumplimiento de sus órdenes. Hace un par de años sus restos mortales fueron exhumados de su tumba en un templo zaragozano y trasladados al Instituto de Medicina Legal de Aragón, donde el equipo del doctor Salvador Baena inició los trámites, protocolos e investigaciones para, mediante el método científico, determinar que los huesos allí depositados pertenecían al esqueleto del Justicia ejecutado por orden de Felipe II.

Coincidiendo con el 430 aniversario de la muerte de Juan de Lanuza V, **Heraldo de Aragón** (19-XII-21) publicó un monográfico de Ramón J. Campo sobre las citadas investigaciones; un extracto esquematizado del mismo se incluye a continuación:

Sexo	Hombre (cráneo y pelvis de varón)
Edad	Suturas del cráneo, pelvis y costillas indican unos 30 años.
Causa de su muerte	Degüello por cuchillo afilado (corte en la apófisis odontoides en la segunda vértebra cervical).
Estrés	Se observa indicios de bruxismo (rechinar y crujir de dientes).
Siglo	XVII (Datación con carbono-14 realizada en Florida, USA).
ADN	Se inició el estudio genético con restos óseos de la familia Lanuza comparados con el perfil del ADN nuclear aislado de los premolares (odontología forense), que confirmó que era un varón. Se pretende continuar las investigaciones con el ADN mitrocondrial.
Rostro	Reconstrucción cráneo-facial a partir del TAC (tomografía axial computarizada) del espesor de las partes blandas. Una vez terminada la reconstrucción se podrá comparar con las imágenes (pinturas, obras de arte, etc.) existentes.

DISEÑO DE UN ROSTRO A PARTIR DE UNA MUESTRA DE ADN (SNAPSHOT PREDICTION RESULTS)

Recientemente en varios centros de investigación estadounidenses (Parabon Nanolabs, Universidad Estatal de Pensilvania, etc.) están intentando, con buenos resultados, relacionar la genética con los rasgos faciales y detalles raciales. La metodología se basa en que al configurar a la vez sexo, ascendencia genómica y genotipo pueden influir en las características del rostro y sus variaciones a partir de una minúscula muestra (gota de sangre, saliva, pelo, etc.) del ADN del investigado, utilizando métodos estadísticos, con los datos y parámetros acumulados en los análisis efectuados.

Hay que tener en cuenta, que solamente un 5% de los genes marca la diferencia entre las distintas razas del mundo y que el rostro es la parte de cuerpo más influenciable por la selección genética.

Con este método de configuración de rostros, la policía estadounidense –con la colaboración de la empresa P. Nanolabs– ha conseguido resolver asesinatos que permanecieron archivados durante mucho tiempo, como la violación y muerte de una mujer cuya investigación siguió un camino equivocado hasta que el rostro, obtenido de la extracción del ADN del envase de un refresco consumido por el delincuente, indicaba que el agresor buscado era un caucásico y no un hispano como las primeras hipótesis postulaban.

La danza del fuego

Las primeras discotecas (salas de baile con música enlatada), parece ser que se instalaron en Alemania en los años cuarenta, para los soldados estadounidenses nostálgicos de la música de su país. Pero el concepto de discoteca, tal como lo tenemos ahora, viene de mediados de los años sesenta (disc-jockey -actualmente dj- luces de flash, bolas con espejitos, etc.), naturalmente, con las lógicas actualizaciones novedosas y tecnológicas.

En un principio, las previsibles medidas de seguridad antiincendios de los clientes no se conocían y tampoco incitaba preocupación ya que no pasaba nada...hasta que empezó a pasar y, a pesar de ello, las llamas siguen ocasionando auténticas tragedias, algunas de las cuales recordaremos a continuación:

Cinq -Sept, Saint Laurent du Pont, Francia, 1970, 146 muertos.
Causa del incendio: Los materiales inflamables facilitaron la propagación del incendio, el cual se inició por un fósforo encendido que cayó en una almohada de material también combustible. La puerta principal de entrada, giratoria (solo podían pasar dos a dos), las puertas de emergencia cerradas para evitar el acceso sin pasar por taquilla y la falta de teléfono en el local -entre otras circunstancias- hicieron el resto.

Alcalá 20, Madrid, España, 1983, 82 muertos.
Causa del incendio: Chispa ocasionada por un cortocircuito que prendió las cortinas y de allí al material muy inflamable de los elementos decorativos.

Flying, Zaragoza, España, 1990, 43 muertos.
Causa del incendio: Análogo al anterior; el inicio del mismo se atribuyó a un fallo de la corriente eléctrica, aunque no ha podido ser debidamente aclarado.

The Station, West Warwick, Rhode Island USA, 2003, 100 muertos.
Causa del incendio: Pirotecnia exhibida durante el concierto de un grupo musical, la cual contactó con materiales combustibles que ardieron ocasionando el incendio de la sala.

Colectiv, Bucarest, Rumanía, 2015, 64 muertos.
Causa del incendio: Paredes cubiertas de espuma de poliuretano con fines acústicos, material combustible que se incendió rápidamente con la pirotecnia del espectáculo que se estaba ofreciendo en la discoteca.

Fonda Milagros, Murcia, España, 2023, 13 muertos.
Causa del incendio: Recalentamiento de la maquinaria de climatización del local, según los equipos de bomberos.

En este capítulo se incluye una miscelánea de sustancias venenosas y tóxicas, con información sobre las actuales técnicas de detección e investigación de las mismas adjuntando, además, pruebas directas de análisis, estudio y observación que servirán de contraanálisis (análisis clínico para comprobar o rebatir los resultados de otro anterior). Los contraanálisis se pueden presentar como verificación o corroboración en un proceso judicial.

Protocolo de investigación de un experto forense

Un experto forense es contratado para la resolución de un percance ocurrido y que presenta o pueda presentar connotaciones legales.

Procedimiento a seguir:

1. Esquematizar la investigación: método científico.
2. Estudiar detenidamente la escena del incidente tomando informe exhaustivo de todo lo referido al percance investigado.
3. Reunir materiales y objetos concernientes al caso.
4. Realización de fotos, gráficos, evidencias, ilustraciones, etc.
5. Aplicación de las estrategias (disciplinas específicas) que se consideren adecuadas para determinar el origen y responsabilidades del suceso.
6. Una vez concluida la investigación y redactado el informe final, se remite al bufete de la defensa contratada.
7. La abogacía del cliente contactará con el experto forense para comentar y requerir declaraciones, dudas e informes que, junto con otras declaraciones, datos e interrogatorios, complementará el informe final que presentará al proceso judicial.

Pintura cancerígena

Esquematización de la investigación: un gabinete de expertos forenses recibió el encargo de investigar las causas por las que un considerable porcentaje de clientes habituales de un restaurante terminaba padeciendo cáncer de pulmón.

Aplicación del protocolo de investigación antes indicado, realizando entre otras, las siguientes pesquisas:

1. Exploración del local donde estaba instalado el establecimiento y los aledaños: recogida de datos.
2. Antes del restaurante, la nave había albergado un almacén de materiales.
3. En las inmediaciones existía una industria que emitía vertidos que podrían ser tóxicos.
4. También se inspeccionaron las aguas residuales correspondientes.
5. Se realizaron rastreos y se profundizó en los análisis y detecciones sobre el material que formaba parte de las estructuras que soportaban el local.
6. Se investigó las sucesivas capas de pintura que cubrían y habían cubierto las paredes del recinto.
7. Una vez concluida la investigación se envió a la empresa solicitante el informe final, el cual atribuía la causa de la patología investigada al cromato de potasio (sustancia cancerígena) que formaba parte de la composición de una de las capas de pintura superpuesta en las paredes del establecimiento.

Investigación de disolventes orgánicos

Objetivos:

Estudio analítico de disolventes orgánicos conocidos.

METANOL

El metanol es un alcohol alifático (no tiene carácter aromático). Se le llamó *alcohol de madera* porque uno de los primeros métodos de obtención de este disolvente fue a partir de la destilación seca (coquización) de la madera (carbón). Después se obtenía por catálisis (reducción del CO con la presencia de óxidos de cromo y cinc) y cada vez fue agilizándose más el proceso y producción del metanol hasta llegar a la fabricación industrial del mismo mediante oxidación controlada del gas natural. Este alcohol se utiliza como anticongelante para los radiadores de automóviles, obtención de seda artificial y, también, metanal (formaldehído), H-CHO, el cual se aprovecha como conservante en la alimentación animal, fabricación de papel, resinas, fertilizantes, etc.

El metanol es una sustancia muy tóxica, la ingestión de 10 mL puede ocasionar necrosis del nervio óptico (ceguera) y 30 mL pueden ocasionar la muerte.

Material:

- Gradilla con tubos de ensayo, placa de toques, vasos de precipitados, pipeta, cuentagotas y varilla (agitador).
- Sistema de destilación, mechero de laboratorio y balanza analítica.
- Reactivos: permanganato de potasio, $KMnO_4$ al 3%, ácido oxálico, $C_2O_4H_2$ al 10%, ácido sulfúrico, H_2SO_4 diluido a 1/3, ácido fosfórico (1,7 g/mL), reactivo de Schiff y agua destilada.

Método:

Investigación en vino o licor (coñac, por ejemplo):
1. Destilar unos 90 mL del líquido-problema.
2. Separar los 15 primeros mililitros y diluirlos en un volumen de alcohol hasta obtener una solución sobre el 4,5%.
3. En un tubo de ensayo verter 4 mL de la solución y añadir con precaución 4 gotas de ácido fosfórico y 1,8 mL de $KMnO_4$ (solución al 3%), dejando reposar la nueva solución unos 12 minutos.
4. Con las debidas precauciones se agrega 0,8 mL de ácido oxálico al 10% y 4 mL de H_2SO_4 diluido a 1/3. Si el líquido obtenido no es transparente, se da por terminada la práctica.

5. Añadimos a este líquido transparente 4 mL de reactivo Schiff (Hugo Schiff, químico alemán, investigador de aldehídos, aminoácidos, etc.).

Si aparece color violeta –algunas veces hay que esperar unos cuantos minutos– implicará la presencia de metanol en el vino o licor investigado.

El reactivo de Schiff es el resultado de una reacción en la que intervienen, entre otros, el metabisulfito de sodio y fucsina básica.

Tragedia del vino adulterado con metanol

La sorpresa de la publicación del envenenamiento ocasionado por consumo de vino común, produjo una psicosis de inquietud tanto en el país concernido, Italia, como en el resto de Europa. Los afectados residían en el noroeste de Italia y habían ingerido vino embotellado en unas bodegas, cuyos responsables –desconocedores del peligro que suponía– habían adulterado el vino con considerables dosis de metanol para aumentar el porcentaje de alcohol. La razón de la utilización de metanol, parece ser que fue porque este alcohol, en aquella época, no pagaba impuestos de fabricación. El balance final fue de 23 fallecidos y más de 40 afectados con secuelas graves como ceguera y deficiencias cerebrales (vértigo, dolores de cabeza, etc.).

A partir del 17 de marzo de 1986, fecha en la que se informó de la luctuosa noticia, la opinión pública italiana comenzó a concienciarse en el control de los alimentos. Esta preocupación por la seguridad en la calidad de la alimentación se fue transmitiendo a las sociedades de otros países en la exigencia de seguimiento e inspección de la industria alimentaria.

BENCENO

Michael Faraday (1791-1868) fue un importante físico (investigaciones sobre diamagnetismo, inducción electromagnética, corriente eléctrica suministrada por pila, etc.) y químico (pionero en el estudio de la electroquímica con el enunciado de las leyes de la electrólisis, licuación de gases –obtención del cloro líquido– y descubrimientos de compuestos de carbono como benceno, butileno, tetracloroetileno, etc.), reconocido como uno de los científicos más sobresalientes del siglo XIX e influyentes en el bienestar y progreso de la humanidad.

Su prestigio personal, no quedó atrás del que tenía como científico, ya que su bonhomía, pasión por la verdad, ejemplo de superación y amor por la ciencia, admiración a los descubrimientos de sus colegas y otras virtudes proporcionó a su figura una seducción especial que se manifestó en la profusión de estatuas, placas, calles e incluso, en 1991, se emitió un billete de 20 libras en homenaje a su memoria.

Hasta el final seguiré siendo,
simplemente, Michael Faraday
Michael Faraday

En 1825, Faraday aisló el benceno a partir de los residuos oleaginosos de los gasoductos de Londres, atendiendo un requerimiento de la fábrica de gas del alumbrado.

El benceno (C_6H_6) es un hidrocarburo (aromático, olor característico) líquido, incoloro, que se obtiene de la gasolina del petróleo por reformado catalítico. Buen disolvente de sustancias orgánicas, insoluble en agua es muy utilizado por esta propiedad en diversas industrias y también como materia prima en la fabricación de detergentes colorantes, barnices, aceites, pinturas, etc.

El benceno es un hidrocarburo líquido que posee unas características con las cuales quedan identificadas una serie de sustancias que se las denominó **hidrocarburos aromáticos**, ya que los primeros compuestos que se conocieron de este grupo tenían un olor agradable.

El benceno puede dar lugar a intoxicaciones severas (inhalación: vía cutánea, vía respiratoria, etc.) sobre todo como benzol que es una mezcla de compuestos aromáticos de la que el componente más abundante es el benceno, si bien también participan en su composición el tolueno y xileno. Aunque el benceno se emplea mucho en la industria como disolvente de grasas, no se suele utilizar en estado puro –dada su toxicidad– sino, más bien formando mezclas con otros hidrocarburos.

Material:

- Gradilla con tubos de ensayos, pipeta, cuentagotas, balanza analítica, vasos de precipitados, varilla (agitador)
- Permanganato de potasio, $KMnO_4$, benceno y agua destilada

Método:

1. Pesa 0,158 gramos de permanganato de potasio.
2. Disuelve en un vaso de precipitados el permanganato en 100 mL de agua destilada, obteniéndose así una solución de permanganato de potasio 0,01M.
3. En un tubo de ensayo en la campana (vitrina) de gases, derramamos cuidadosamente 2,5 mL de benceno (como sabemos es combustible y muy tóxico) añadiendo lentamente y con precaución, gota a gota, $KMnO_4$ 0,01M.

   Anota tus observaciones.
4. En la vitrina de gases, introduce 2,5 mL de benceno en otro tubo de ensayo agregando, lentamente, gota a gota, agua destilada.

   Toma nota de tus observaciones.

   Interpreta y explica los datos obtenidos.

El **etilenglicol** se utiliza como disolvente en la industria de pintura y plástico, en la fabricación de compuestos de poliéster y, también, en la composición de anticongelantes de aviones coches y diferentes modelos de vehículos.

En la toxicología forense se investiga este tipo de anticongelantes en su utilización como veneno administrado en los alimentos mezclado con sustancias azucaradas. Posteriormente se han añadido aditivos al anticongelante que, al comunicarle mal sabor, dificultan la posibilidad de envenenamiento.

Conclusiones:

Alcohotest de laboratorio

Objetivos:

Diseño de un medidor de contenido de alcohol (etanol) en el laboratorio basado en el mismo proceso químico de alcoholímetros ya conocidos.

En los años 20 del siglo pasado se utilizó, en alguna ocasión, el porcentaje de alcohol consumido como dato judicial y en la década siguiente, el profesor R. Neil Harger (Indiana, USA), introdujo el **drunkometer**, mecanismo controlador del alcohol contenido en el aire espirado por un conductor en carretera. Robert F. Bornkenstein diseñó el **breathalyzer**, marca registrada por el creador de un alcoholímetro y que significa análisis de la respiración, siendo adoptada como nombre ordinario en el lenguaje habitual para designar de forma general a este instrumento de control del porcentaje de alcohol en el aire espirado.

Los primeros alcoholímetros para detectar el etanol se realizaban a partir de reacciones redox (*); progresivamente los métodos de detección fueron evolucionando a investigar el alcohol en la respiración mediante la absorción infrarroja y, después, por células electroquímicas.

Se define como alcohotest al análisis que informa sobre el nivel de alcoholemia en la sangre, mediante un alcoholímetro con el que se determina la cantidad de alcohol que contiene el aire espirado.

El alcohol ingerido con las bebidas alcohólicas, pasa al estómago e intestino y, de allí, a la sangre, la cual, con el oxígeno del aire de los pulmones desprende dióxido de carbono y el etanol de las bebidas consumidas y que se exhalan en la espiración.

La detección de alcohol se puede realizar mediante la reacción redox (*) del etanol con dicromato de potasio en medio ácido (sulfúrico), que da lugar a ácido etanoico (incoloro) y iones Cr^{3+} (coloreados).

El alcoholímetro del alcohol espirado por una persona consta de un globo de un litro de volumen, donde se sopla para que tenga lugar la reacción química antes reseñada.

Para calcular el alcohol ingerido, se compara la intensidad del color de los iones Cr^{3+} de la reacción con la coloración de otra solución patrón que marca la concentración de alcohol en gramos/litro (g/L).

Control de alcoholemia: el límite es 0,25 mg de alcohol/L en aire espirado, (a partir de esa concentración, el control se considera positivo).

Cuando ese control es en la sangre, el límite es 0,5 g alcohol/L de sangre.

Los límites bajan para conductores profesionales y conductores novatos.

Material:

– Gradilla con 8 tubos de ensayo, etiquetados de 0 a 7 (0, 1, 2, 3, 4, 5, 6, 7), pipeta, probetas, cuentagotas, vasos de precipitados, varilla, balanza analítica, tubos de ensayo, vidrio de reloj y espátula.
– Reactivos: ácido sulfúrico concentrado, alcohol etílico (CH_3-CH_2OH), dicromato de potasio ($K_2Cr_2O_7$) y agua destilada.

Método:

Iniciaremos la práctica con la elaboración por el profesor de las soluciones que, una vez preparadas, se entregarán a los alumnos.

(Esta práctica deberá hacerse en la vitrina de gases, con gafas de seguridad y demás medidas de protección)

a. Preparación de la solución alcohólica:

– 1 mL etanol:99 mL de agua destilada, para lo cual introducimos con la pipeta 1 mL de alcohol etílico en 99 mL de agua destilada, agitando con la varilla el tiempo necesario para conseguir una completa solución de alcohol en agua. Guarda el vaso con la solución recientemente obtenida en un frasco cerrado.

b. Preparación de solución de dicromato de potasio:

– En 40 mL de agua destilada desliza –lentamente y agitando cada vez que cae una pequeña dosis, esperando un tiempo para que se enfríe y así que no suba la temperatura– 40 mL de ácido sulfúrico que, como es sabido, hay que tener cuidado de añadir siempre el ácido sobre el agua nunca al revés.
– Pesa 100 mg de dicromato de potasio, agrégalo cuidadosamente a la solución de ácido sulfúrico (96%) preparada anteriormente, agitando bien y con las debidas precauciones hasta su completa disolución.

c. Soluciones estándar (patrón):

1. Utilizando una pipeta añade 2 mL de la solución recientemente preparada de dicromato de potasio en cada uno de los tubos de ensayo.
2. El tubo etiquetado con 0 no se toca; en el tubo de ensayo etiquetado con 1 se añade una gota de la mezcla alcohólica anteriormente preparada (apartado a), con las debidas precauciones. En el tubo etiquetado con 2 se agregan dos gotas de la solución alcohólica, en el tubo 3 derramamos tres gotas de mezcla alcohólica y así seguimos aumentando una gota en cada tubo de la gradilla.
3. Observa que cada tubo adquiere una coloración diferente según su nivel alcohólico. En una gradilla colocamos estos tubos estándar (referencia) que servirán de guía en los siguientes análisis.

Actividades a realizar por los alumnos:

a. Los alumnos en grupos recibirán tubos iguales con 2 mL de solución crómica que contienen gotas de solución alcohólica, teniendo cuidado de que el número de gotas no llegue a seis.

Los alumnos de cada grupo compararán sus tubos de ensayo con los tubos que contienen las soluciones standard y así podrán conocer el número de gotas de solución alcohólica que hay en cada tubo de ensayo.

Dibuja unas tablas en las que se relacione el volumen de alcohol de cada tubo con el color correspondiente.

b. Explica e interpreta las actividades realizadas.

c. En la reacción del etanol con dicromato de potasio y ácido sulfúrico se forman ácido etanoico, sulfato de cromo (III), sulfato de potasio y agua.

Ajusta la ecuación de la reacción redox correspondiente:

$$CH_3\text{-}CH_2OH + K_2Cr_2O_7 + H_2SO_4 \longrightarrow CH_3\text{-}COOH + Cr_2(SO_4)_3 + K_2SO_4 + H_2O$$

Test de alcoholemia

Práctica 7.4

Identificación del cobre en agua potable

Objetivos:

Se trata de investigar la presencia de cobre en el agua que –en el caso de ser positiva– se debe a la disolución de iones cobre de las paredes del tubo por donde circula el agua o, también, a las vasijas que la conservan durante un tiempo considerable.

Material:

- Probeta, embudo, soportes, pinza, nuez, varilla, papel pH.
- Vasos de precipitados, tubos de ensayo resistentes al calor, pinza de madera, papel de filtro y mechero de laboratorio. Vitrina de gases y pipetas.
- Reactivos: ácido clorhídrico, amoniaco (hidróxido de amonio), sulfuro de sodio y cianuro de potasio al 10%.

Método:

1. Se miden 10 mL de agua investigada.
2. Se recogen en un tubo de ensayo y se le añade alguna gota de ácido clorhídrico diluido para acidular ligeramente la muestra. Comprobar el pH.
3. Se calienta el tubo –con las correspondientes precauciones– a ebullición, sujetándolo con una pinza de tubo de ensayo añadiendo, con cuidado, hidróxido amónico (amoniaco) en cantidad suficiente y si aparece color azul indicará la presencia de cobre.
4. Si no aparece color azul, se filtra y se observa el filtrado, que si es azul se deberá a los compuestos complejos del cobre con lo que se confirma su existencia en el agua investigada.
5. Si por encontrarse el cobre en cantidad muy pequeña o, por enmascaramiento o por otra razón, no aparece precipitado azul, lo que hay que hacer es medir en la probeta 10 mL del agua investigada añadir sulfuro de sodio (Na_2S) que da lugar a un color pardo-amarillento que puede ser de cobre o de plomo.
6. Se repite el ensayo pero derramando previamente en el agua unas gotas de cianuro de potasio al 10%. Si desaparece el color pardo implicará la existencia de cobre, ya que el KCN disuelve al sulfuro de cobre (II) formado en la reacción del Na_2S con los iones Cu^{2+} del agua investigada obteniéndose cuprocianuro de potasio, $CuK(CN)_2$, cianuro de potasio cobre (I).

   Nota: en el manejo de cianuros hay que tener el máximo cuidado y tomar las debidas precauciones, como ya se comentó y también las que se citan en la práctica de investigación de cianuros, la cual, al igual que esta solo se incluye con carácter informativo.

Identificación de arsénico en las aguas

Objetivos:

Investigación de la presencia de arsénico en una muestra de agua sospechosa de contenerlo. Ver prueba de Marsch. (Esta práctica se incluye solo con carácter informativo).

Material:

– Gradilla, tubos de ensayo resistentes al calor, tubo de vidrio de laboratorio, tapón de corcho, mechero de laboratorio. Vitrina de gases, pipetas, soporte y agua a investigar.
– Reactivos: ácido sulfúrico diluido, sulfato de cobre (II), cinc y solución de peróxido de hidrógeno de carácter básico, indicador pH (Papel pH; pH-metro), hipoclorito de sodio, NaClO.

Método:

1. Un tubo de vidrio resistente al calor, formando un ángulo recto cuyo extremo, mediante calentamiento controlado, se ha estirado con las debidas precauciones formando un capilar de unos 100 milimetros de longitud.
2. En un tubo de ensayo se introduce el agua que vamos a investigar a la que se añade, a continuación, y con las debidas precauciones, una muestra de cinc, una gota de ácido sulfúrico diluido y una pequeña cantidad de sulfato de cobre (II). El tubo se sujeta a una pinza y se anexiona a un soporte apropiado al montaje que necesitamos.
3. Cerramos el tubo de ensayo con un tapón de corcho horadado por el que hemos introducido el tubo de vidrio del apartado 1, de diámetro adecuado y resistente al calor (difícil de fundir).
4. Cuando ya se ha desalojado el aire del dispositivo, calentamos suavemente con llama reducida, por la parte estrecha del tubo con un mechero correctamente situado. La formación de un espejo de vidrio negro detrás de la parte caliente dentro del tubo delgado (capilar), implicará la existencia de arsénico o antimonio.
5. Si, sin calentar se enciende una llama, el hidrógeno evaporado en el extremo del capilar, si hay arsénico, arde con color azul muy claro que, al arder ambos, originando óxido que se distingue por su humo color blancuzco. El arsénico se deposita (color negro) en la parte exterior-inferior de una pequeña cápsula de porcelana fría esmaltada exteriormente y situada en la llama, color que desaparecerá al disolver la mancha de la cápsula en solución de hipoclorito de sodio, NaClO. La solución obtenida confirmará la presencia de arsénico, la cual también se puede ratificar tratando la mancha con H_2O_2 (solución básica de peróxido de hidrógeno) porque, en ambos casos, el antimonio que es insoluble permanece, mientras que, también en ambos casos, el arsénico al disolverse desaparece.

Conclusiones:

Identificación de manganeso en las aguas

Objetivos:

Investigación de la presencia de manganeso en aguas, cuyo desagradable y característico sabor hace sospechar la presencia de manganeso en la misma.

La utilización de agua de riego con precipitados de hierro (aguas ferruginosas) y manganeso, si no se les aplica un tratamiento de eliminación adecuado, pueden propiciar obstrucciones en los emisores de riego por goteo (método de regadío propio de zonas secas para aprovechar al máximo agua y abonos) ya que se pueden depositar óxidos insolubles en las paredes de los conductos o cañerías.

Material:

- Vasos de precipitados, probeta, soportes, aro, nuez, rejilla y mechero de laboratorio.
- Agua a investigar.
- Reactivos: ácido nítrico al 25%, y óxido de plomo (IV), PbO_2.

Método:

1. En la vitrina de gases, se montan soporte, pinza, aro, nuez y rejilla mientras que debajo de la misma se coloca el mechero de laboratorio.
2. Mide 48 mL del agua investigada en la probeta.
3. En un vaso de precipitados introduce el agua investigada y a continuación, con las debidas precauciones, 4,6 mL de HNO_3 al 25%.
4. Se coloca el vaso de precipitados encima de la rejilla.
5. Se enciende el mechero y se hierve, con cuidado, el líquido durante unos siete minutos.
6. Apaga el mechero y al líquido después de enfriarlo se agrega una pequeña muestra (cristalito de color pardo) de dióxido de plomo, PbO_2.
7. Se enciende de nuevo el mechero y se hierve la solución, con precaución, durante unos tres minutos, se apaga el mechero y esperamos hasta su completa sedimentación.
8. Si aparece color violeta en el líquido confirmará la presencia de manganeso en el agua investigada.

Conclusiones:

Investigación del té

Es verdad que tengo malos hábitos.
Tomo el té a las tres
Mick Jagger

Objetivos:

Investigar si un té ha sido o no utilizado anteriormente.

Material:

- Vasos de precipitados de tamaño adecuado, soportes, aro, nuez, rejilla, embudo, papel de filtro, vidrio de reloj, cápsula de porcelana, tubos de ensayo resistentes al calor, probeta y pipetas.
- Mechero de laboratorio, balanza analítica y microscopio.
- Reactivos: ácido nítrico diluido, $HNO_{3(d)}$, hidróxido de amonio, (amoníaco), NH_4OH, y hielo.
- Productos: Se repartirá entre los participantes pequeños paquetes de té de dos tipos:
    a. té negro
    b. té al que previamente se le ha extraído la cafeína

Método:

1. Pesa 1,8 gramos del té investigado y agrégalo a un vaso de precipitados que contiene 207 mL de agua destilada. Coloca el vaso encima de la rejilla que has puesto en el soporte sobre el mechero y, con precaución, hervir la mezcla y, después de unos cinco minutos, filtrar.
2. Separar el té y ponerlo a secar.
3. Después de bien seco se deposita en una cápsula de porcelana sobre la cual colocaremos un vidrio de reloj.
4. Montamos un soporte con aro, nuez, pinza y rejilla sobre la que colocamos la cápsula cubierta con el vidrio de reloj con un cubito de hielo encima que ejerce como refrigerante.
5. Encendemos el mechero de laboratorio, situado debajo de la rejilla, calentamos suavemente hasta que observamos que el vidrio de reloj se haya cubierto (empañado), entonces se apaga el mechero y esperar a que se enfríe.
6. Observamos, bien a simple vista o ayudándonos de un microscopio, si debajo del vidrio de reloj se han formado agujas finas, largas y cristalinas. Estos cristales indicarán con bastante seguridad que el té investigado no ha sido utilizado anteriormente porque si hubiera sido así, la cafeína habría desaparecido lo que implicaría la ausencia de agujas delgadas, blancas y cristalinas en el vidrio de reloj.

Comprobación (contraanálisis):

1. En una vitrina de gases, deposita cuidadosamente en un vidrio de reloj unos cristales de cafeína que has separado del vidrio de reloj anterior y añade, a continuación, dos gotas de ácido nítrico diluido.
2. Calentar con cuidado la mezcla y evaporar hasta sequedad en baño de vapor. Esperamos a que se enfríe para añadirle, con precaución, una gota de amoniaco (NH_4OH). La aparición de color violeta implicará la presencia de cafeína ya que el color violeta es propio del grupo de las purinas (compuestos orgánicos de dos anillos) al que pertenece la cafeína –alcaloide excitante del sistema nervioso central– extraída de la planta del café, del arbusto del té y también de la hierba mate y de nomenclatura química orgánica (1,3,7-trimetril-xantina).

Nota: Ver Evaporación.

Dato: En química, el vidrio de reloj se utiliza, como hemos visto en esta práctica, para evaporar pequeños volúmenes de líquidos y la observación de minúsculas cantidades de sustancias en el microscopio. También se suele emplear, entre otras aplicaciones, como cubierta de vasos de precipitados.

Conclusiones:

Investigación de incendios sospechosos

Soy el dios del fuego del infierno y te traeré fuego para quemar

Arthur Brown

Zaragoza, 12 de julio, 1979, día soleado con una gran actividad en el hotel Corona de Aragón (el único de cinco estrellas) de la ciudad. Los huéspedes eran, en su mayoría, militares y sus familiares que se preparaban para asistir, en la Academia General Militar, a la entrega de despachos de alférez de la XXXVI promoción. Entre los alojados en el hotel se encontraban la viuda, hija y otros familiares del general Franco.

Aunque al principio se silenciaron algunos datos, después se difundió que el siniestro de aquella mañana –uno de los más insólitos y que más impresión causó en

Foto: Archivo Heraldo de Aragón

la época de la Transición española de los 70– se había iniciado en varios lugares diferentes, siendo el que se había producido en la cocina (zona de la churrería) del hotel el que alcanzó más protagonismo.

Bomberos, cuerpos policiales, Cruz Roja, fuerzas militares y helicópteros de la base aérea americana, entre otras entidades, asumieron el salvamento de las personas atrapadas, contribuyendo a facilitar el rescate de las víctimas bloqueadas en el incendio.

Consecuencias del siniestro fue que el hotel resultó seriamente dañado, aunque fue rehabilitado y actualmente pertenece a una conocida cadena hotelera, mientras que unas 79 personas perdieron la vida y más de cien resultaron heridas.

La conclusión final de las investigaciones realizadas determinó que el origen del fuego había sido accidental ya que no fue posible determinar con solvencia los responsables del siniestro. Hay que anotar también que se comentó que, anteriormente, había habido algún conato de incendio, de poca importancia en la freiduría.

En esa época, momento álgido del terrorismo, la sombra del mismo estuvo presente en el pensamiento de todos; la vía judicial penal, en principio, no pudo concluir que el siniestro fuera intencionado, si bien la vía civil aseguró que el incendio había sido potenciado por la presencia de materiales incendiarios, aunque no se pudo especificar quién los había colocado tan estratégicamente.

Algún medio informativo, años más tarde, notificaba que recibieron llamadas de bandas terroristas responsabilizándose del hecho, aunque otras fuentes de comunicación niegan que se reivindicase nunca como atentado el incendio del Hotel Corona de Aragón.

Después de varios y largos procesos judiciales, el Tribunal Supremo (10 de febrero de 2009) determinó que el incendio del hotel siniestrado fue intencionado, aunque, parece ser, las investigaciones sobre el origen del incendio aún no han terminado.

Objetivos:

Información teórica y resumida sobre el fuego como destructor deliberado de material, máquinas, edificios y propiedades, esto es, incendio provocado que deberá ser investigado, como ya se aclaró, en los laboratorios oficiales ya citados.

En el diccionario de la RAE se define **fuego** como *calor y luz producidos por la combustión*, mientras en Química se define como *reacción química autosuficiente que desprende energía en forma de luz y calor*. Esta reacción exotérmica de combustible (sustancia o mezcla de sustancias) con el oxígeno se llama **combustión**, en la cual se desprende una llama que es una masa gaseosa incandescente que, en contacto con el combustible, libera luz y calor.

Comburente: oxígeno o mezcla de sustancias que contienen oxígeno que participan en la combustión. La mezcla comburente (oxígeno con nitrógeno) *aire,* es el comburente más conocido.

Las reacciones de combustión suelen desprender, como productos, sustancias gaseosas, frecuentemente, dióxido de carbono y vapor de agua.

Combustión completa: cuando no aparecen sustancias combustibles en los humos (productos).

Combustión incompleta: cuando permanecen sustancias (inquemados que aún podrían someterse a combustión). Ejemplo: monóxido de carbono. También puede haber combustiones con exceso de aire y otras con defecto de aire, en estas últimas es posible que, frecuentemente, se ocasionen inquemados (productos de combustión incompleta del carbón).

Combustión súbita: puede darse en incendios reducidos cuando todas las superficies susceptibles de arder comienzan a quemarse a causa de la radiación que se desprende de la combustión de la capa de gases. Los muebles arden sin contacto, las ventanas explotan y se produce un gran aumento de temperatura. La altura y capacidad del local para contener los gases influyen en este tipo de combustión.

Acelerante de fuego o de combustión: término forense que indica sustancia o mezcla de sustancias (azúcar y clorato de potasio, etc.), aunque generalmente son líquidos inflamables utilizados para iniciar o potenciar la propagación de un incendio. Los acelerantes de fuego (también conocidos como aceleradores) pierden vigor con agua, lluvia, etc.

Reacciones de combustión: se representan por ecuaciones análogas a las reacciones de Química Inorgánica. Un compuesto orgánico (hidrocarburo) con oxígeno (gas) forma dióxido de carbono y vapor de agua. Aunque también, en ciertas circunstancias, puede producir, además, otras sustancias. Aparte de estas reacciones de compuestos orgánicos, hay también reacciones de algunos metales (magnesio) y no metales (azufre) con el oxígeno que pueden considerarse reacciones de combustión.

Bomberos en un incendio rural
provocado por un pitillo mal apagado

Material:

- Partículas y porciones de materiales (ropa, madera, plástico, fragmentos carbonizados y muestras de materiales adsorbentes como alfombras y cortinas) recogidos en los restos del incendio presuntamente provocado.
- Frasquitos herméticos destinados a contener sustancias de diferentes estados físicos, de los que se va extrayendo las dosis convenientes.
- Cromatógrafo de gases (GC), Cromatógrafo de gases-Espectrómetro de masas (GC - MS).

Método:

---

1. Recopilación de pruebas.
2. La mezcla de compuestos se coloca cuidadosamente en un frasquito pequeño hermético para evitar contaminaciones.
3. Con una jeringa adecuada se extrae una muestra minúscula (unos μL) y se introduce en el inyector que se encuentra a una cierta temperatura evaporando así el analito (líquido) a la vez que lo conduce a la columna capilar. (Ver figura).

    Es muy práctica, en estos casos, la utilización de la cromatografía de gases ya que los compuestos investigados, como son volátiles, se pueden separar según su punto de ebullición y polaridad.

    A medida que aumenta la polaridad de una molécula de un compuesto aumenta su punto de ebullición, siendo iguales los demás factores.
4. El inyector a temperatura suficiente aloja la muestra evaporada en la **columna capilar** –tubo de vidrio o de sílice fundida, largo, delgado y enrollado en sentido helicoidal, donde la pared interna se encuentra recubierta con una capa delgada de un líquido no volátil (fase estacionaria)– la cual se encuentra situada dentro de un horno a temperatura regulada. Este tipo de columnas se suelen utilizar en reconocimientos más precisos. La muestra es arrastrada a través de la columna por la fase móvil, que debe ser un gas inerte (como el helio, argón, nitrógeno, etc.) llamado **gas portador**, el cual se limita a desplazar la mezcla investigada a lo largo de la columna, evitando así interacciones con la fase estacionaria y con el analito.

    Los compuestos de la mezcla de temperatura de ebullición baja (más volátiles) alcanzarán antes el detector (parte del cromatógrafo que determina con precisión el momento de salida del analito por el final de la columna); el resto –esto es– los compuestos de mayor punto de ebullición, permanecerán más tiempo en la columna antes de alcanzar al detector. La concentración de cada compuesto de la muestra es proporcional a la altura de su punto (cresta o pico) de ebullición.
5. Llamamos *tiempo de retención* al tiempo transcurrido desde que se inyecta la muestra hasta la detección del pico observado en la gráfica del *cromatograma* del registrador de datos (ordenador).

    En el *cromatograma* se representan los datos de las sustancias analizadas realizando un estudio comparativo con los datos de la nómina de los acelerantes de más frecuente utilización en este tipo de incendios.

    En cromatografía de gases se utilizan dos tipos generales de columnas:
    a. de relleno
    b. tubulares abiertas o capilares (diámetro diminuto); muy eficientes
6. Si se utiliza el método GC-MS se podrá medir el tiempo de retención y, además, la masa molecular de cada compuesto.

Conclusiones:

Esquema de un sistema de cromatografía de gases

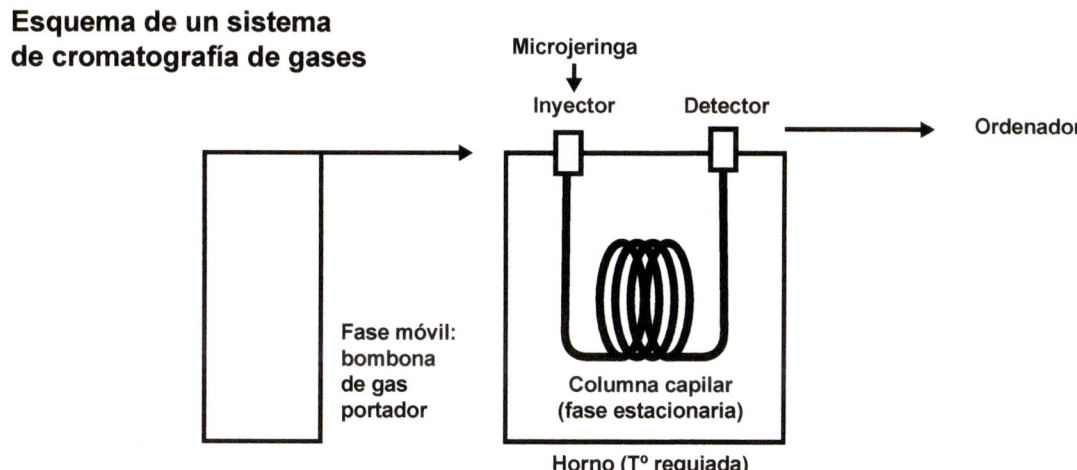

El horno es responsable del mantenimiento de la columna termostatizada a una temperatura adecuadamente determinada. El horno, para su operatividad, debe reunir ciertas condiciones como, por ejemplo, a) poca inercia térmica, propiedad que depende de la masa, calor especifico y conductividad térmica de sus materiales; b) sistema de control de temperatura que implique la programación de las posibles variaciones de temperatura del horno en sus tiempos correspondientes.

Sublime Teoría

El químico alemán G.E. Stahl, en el siglo xvii, propuso la teoría del **flogisto**, conocida como la sublime teoría que, aunque errónea, coordinó por primera vez los conceptos de combustión y reducción. La teoría del **flogisto** dispone que para que un cuerpo o sustancia sea combustible incluye en su composición un *elemento-principio* inflamable que pasado el tiempo fue conocido como **flogisto**. Cuando se produce la combustión, se desprende el flogisto además de luz y calor mientras se deposita un residuo (ceniza o cal) del cuerpo combustible. El porcentaje de flogisto en un cuerpo es directamente proporcional a su capacidad de combustibilidad.

El químico francés A. L. Lavoisier (1743-1794), al que se denominó *padre de la química moderna*, demostró, utilizando el método científico, la inviabilidad de la teoría de Stahl cuando publicó su Tratado Elemental de Química en el que explicó, sin ambages, que toda combustión en el aire se debe a una combinación con una parte del aire. Lavoisier introdujo una porción de estaño en un vaso cerrado y lo pesó con su inseparable balanza. Calcina el estaño en el vaso y demuestra que el peso total del vaso sigue siendo el mismo. El óxido de estaño formado pesa más, pero ese aumento de peso equivale a la disminución del peso del aire encerrado en el vaso. Por lo tanto el flogisto no aparece por ninguna parte, lo que implica que la Sublime Teoría, tantos años reverenciada por muchos químicos, pasaba a la historia. Esta **ley de conservación de la masa en una reacción química** se atribuye a Lavoisier, aunque ya fue utilizada por otros químicos como su compatriota Jean Rey (1583-1645) y el ruso Mijail V. Lomonósov (1711-1755) que se adelantaron a Lavoisier en la redacción de la citada ley.

Editorial Alfaguara
(Introducción, traducción y notas: Ramón Gago Bohórquez)

Investigación
de explosivos

*A veces, el cohete más pequeño
es el que más ruido hace*
Paco Martínez Soria

Objetivos:

Información teórica sobre explosiones (reacciones químicas o cambios de estado, que se manifiestan por emisión de gases y liberación rápida de una gran cantidad de energía calorífica en un breve tiempo). El frecuente carácter violento de estas reacciones se debe a la abundancia de gases a altas temperaturas, produciéndose un incremento impetuoso y veloz de la presión en un volumen muy pequeño, con desprendimiento de calor, luz y gases.

La **granada de mano PO** fue utilizada durante años en los centros de instrucción de reclutas (CIR) y acuartelamientos de las fuerzas armadas españolas, hasta su sustitución por la **EXPAL EA M-5**, bien entrados los años 70. Su nombre se debe a su parecido en forma y tamaño al fruto del granado, árbol de la familia de las punicáceas. La granada es un proyectil lleno de explosivos que es susceptible de lanzarse con la mano o con un arma convenientemente adaptada. Se puede considerar como un misil menor –pero

Tapón de granada PO - 1974

no de despreciable potencia– con la misión de atentar contra personas (granadas antipersona) u objetivos materiales. Su correcto lanzamiento requiere cierto conocimiento y serenidad en su manejo dado que, al realizarse con la mano con un destino situado a una determinada distancia debe seguir un inmediato cuerpo a tierra para evitar las esquirlas o proyecciones procedentes del punto de explosión.

La granada más frecuentemente utilizada por la OTAN es, por su capacidad de lograr objetivos, la **granada de fragmentación de 40 mm.**

Este tipo de armamento viene de antiguo, ya en el siglo VII los bizantinos utilizaron el «fuego griego»[8] –arma incendiaria que se presentaba en distintos tipos de recipientes y cuyas primeras pruebas, parece ser, realizó Arquímedes años antes de nuestra era– y que fue el responsable de la larga supervivencia del Imperio Bizantino. Durante

---

8 El «fuego griego» no se apagaba ni con la lluvia ni tampoco con fenómenos geográficos, eso hizo que su fórmula fuera un misterio a lo largo del tiempo, ya que los que trabajaban en su fabricación estaban condenados a muerte, con anticipación, en el caso de no cumplir su compromiso de silencio. Esta fórmula, como más tarde la de la Coca-Cola, por distintos motivos lógicamente, se mantuvieron en secreto, aunque en la actualidad –parece ser– que en el caso del «fuego griego» siguen sin conocerse todos los componentes y porcentajes de su fórmula. El «fuego griego» ha sido uno de los secretos militares mejor guardados de la historia.

el siglo XIII, este tipo de arma bélica adquirió gran predicamento en las batallas navales de las cruzadas. El proyectil en cuestión, siguió como es natural su lógica evolución tecnológica, hasta llegar a las actuales granadas con espoleta mecano-electrónica que presentan la máxima seguridad en transporte, desplazamiento, depósito, manipulación...

El «fuego griego» fue el pionero de lo que muchos años más tarde se conocería como **guerra química,** que se define como el uso de gases tóxicos y armas incendiarias con fines bélicos y que hizo su presentación en la Primera Guerra Mundial, el 22 de abril de 1915, cuando los alemanes atacaron el sector de Ypres (Bélgica) dejando escapar una gran nube de cloro (gas muy irritante), arrastrada por el viento hacia las zanjas repletas de soldados aliados. Poco después se fueron utilizando otros compuestos de cloro cada vez más tóxicos que ingeridos por las vías respiratorias producían la muerte por edema pulmonar.

Este tipo de gases se clasifican, entre otros, en: **asfixiantes** (fosgeno), **lacrimógenos** (cloroacetona), **vesicantes** –quemaduras y grandes ampollas– (gas mostaza), etc.

En los años 40, los alemanes disponían de una reserva de gas Tabún, agente nervioso muy tóxico y mortífero pero que quedó desfasado con la aparición de otros gases más letales como Sarín y Somán.

El 10 de marzo de 1945, los estadounidenses atacaron Tokio con Napalm (una nueva versión del «fuego griego») que más tarde volverían a utilizar en la guerra del Vietnam.

Los rusos utilizaron en Afganistán una nueva arma química «Yellow Rain», poderoso veneno que produce hemorragias, espasmos, vómitos, etc. y muerte por asfixia. A partir del 81, los soviéticos realizaban sus acciones bélicas con un nuevo agente químico menos doloroso y que ocasionaba la muerte con extremada rapidez.

Ya en 1925 el Protocolo de Ginebra prohibió la utilización de armas químicas y biológicas (ver guerra biológica), pero fue en la primavera de 1997 cuando la **Convención sobre las Armas Químicas (CAQ)** promulgó el primer acuerdo multilateral de desarme del mundo que implica la eliminación de armas de destrucción en masa en un tiempo determinado.

El alemán Fritz Haber obtuvo el Premio Nobel de Química en 1918 por sus investigaciones sobre la termodinámica de las reacciones gaseosas que le llevaron a obtener la síntesis del amoniaco (Proceso de Haber), importante para los fertilizantes y el desarrollo de la Química. Pero Haber también fue conocido como '*el padre de la guerra química*' por su aportación al desarrollo de gases venenosos que se utilizaron como armas químicas en la Primera Guerra Mundial. Haber murió en el exilio (Basilea, 1934).

En tiempos de paz, un científico pertenece al mundo,
pero en tiempos de guerra pertenece a su país

Fritz Haber

REVISIÓN DE CONCEPTOS YA CITADOS:

Deflagración: combustión muy rápida que se propaga isobáricamente en una sustancia explosiva principalmente por conductividad térmica.

Velocidad de propagación < 343 m/s (velocidad subsónica).

Ejemplos de explosiones deflagrantes: mezcla explosiva de gas natural y aire en condiciones normales.

Detonación: explosión no isobárica provocada por una reacción química que libera una gran cantidad de energía y su velocidad es superior a 343 m/s (velocidad supersónica).

La onda expansiva produce destrozos y roturas en los objetos aunque se encuentren formados por materiales muy duros.

Ejemplo de explosiones detonantes: dinamita, nitroglicerina, trinitrotolueno (TNT).

El desprendimiento de energía luminosa en estas explosiones citadas se las conoce como llama.

La utilización de la explosión detonante para la obtención rápida de energía para la ingeniería civil (voladuras, minería, etc.) tiene su velocidad de detonación directamente proporcional a su potencia.

Temperatura de ignición: temperatura mínima a la cual una sustancia inicia su combustión. (empieza e emitir vapores combustibles). (Ver Análisis forense).

Se conoce como **bomba de tubo o bomba de tubería** a un trozo de tubería perfectamente cerrado y relleno de explosivo. Tanto su fabricación, muy peligrosa, como la posesión de la misma o cualquier utilización que se le quiera dar, se considera como una infracción muy grave de la ley.

Las explosiones son el resultado de combustiones o descomposiciones extremadamente bruscas cuyas consecuencias (gases, calor, fuego, fragmentos, proyecciones, etc.) pueden generar destrucción que se utiliza en voladuras controladas, ingeniería civil, minas, acciones bélicas, etc.

Mortero de bronce 210 mm, 1895 Antigua Capitanía General de Zaragoza

CLASIFICACIÓN DE EXPLOSIVOS:

Débil: se guarda dentro de un recipiente de tamaño adecuado para generar una explosión que se puede originar por una llama que inflama, en milisegundos, la sustancia explosiva. De este tipo de explosivo es la pólvora.

Fuerte: no necesita estar guardado para producir impacto violento en microsegundos. Pertenece a este grupo la nitroglicerina.

Material:

– Muestras y porciones de sustancias sospechosas de pertenecer a una sustancia explosiva.
– Agua destilada y disolventes orgánicos.
– Cromatógrafo de gases, técnicas colorímetricas, espectrómetros.

Método:

Vamos a resumir brevemente la identificación de sustancias explosivas que, como ya se ha indicado anteriormente, se trata de una divulgación teórica de una investigación que solo se puede realizar en los laboratorios acreditados y oficiales ya citados. Su inclusión en este texto solo tiene carácter informativo. (Ver esquema).

1. Observación visual de residuos: fragmentos de explosivo, detalles físicos, etc.
2. Revisión microscópica: polvo, vestigios de metales, elementos traza, etc.
3. Extracción (ver página 149, Esquema de análisis de explosivos): se separan convenientemente los componentes orgánicos de los inorgánicos. Esta extracción se clasifica en:
   – extracción orgánica
   – extracción acuosa
4. Para su análisis, las muestras orgánicas tienen que presentarse en forma gaseosa o líquida para ser pinchadas (introducidas) en un sistema adecuado de cromatografía de gases GC.
5. Las muestras líquidas son sometidas primeramente a un proceso de vaporización a temperatura adecuada, así el gas producido pasa por la columna del cromatógrafo detectándose cada componente a la salida de la misma.
6. El tiempo que tarda cada compuesto en salir de la columna depende, principalmente, de su naturaleza física y química y de las variables experimentales de análisis: tipo y temperatura de la columna y tipo y velocidad de flujo de gas portador. En resumen, la detección de los compuestos se basa esencialmente en las diferencias en los tiempos de permanencia –esto es, retención– dentro de la columna.

7. Los compuestos orgánicos se analizan por espectrómetro de masas GC-MS (**) mientras que para la investigación de iones se utiliza, entre otras técnicas, la espectrofotometría de emisión atómica con plasma de acoplamiento inductivo ICP-AES (**), en la cual la intensidad de luz emitida es proporcional a la cantidad de elemento investigado, mientras que por su longitud de onda (**) identificaremos el elemento.

Fase orgánica: Contiene los compuestos orgánicos que no forman puentes de hidrógeno (enlace de hidrogeno) y que son insolubles en agua (hidrófobos).

Fase acuosa: Contiene las sales inorgánicas que son insolubles en los disolventes orgánicos más frecuentemente utilizados.

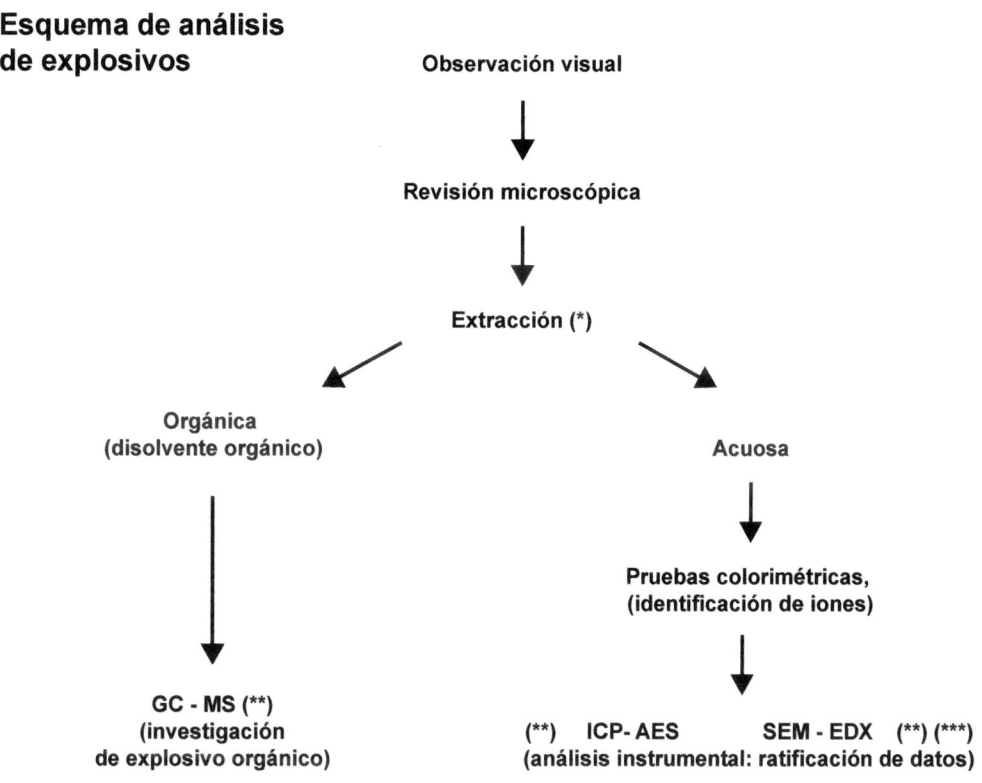

Esquema de análisis de explosivos

ICP - AES: Espectroscopia de emisión atómica por plasma con acoplamiento inductivo
(*): Ver práctica de Extracción
(**): Ver Análisis químico: Introducción y práctica de investigación de incendios sospechosos
(***): Ver práctica de Identificación de elementos traza

Actividades:

– Cuando la nitroglicerina líquida, $C_3H_5(NO_3)_3$, explota, se desprende una mezcla de gases formada por dióxido de carbono, nitrógeno, vapor de agua y oxígeno. Escribe, ajustada, la reacción química correspondiente.
– Investiga en los diferentes medios de comunicación algún atentado terrorista con explosivos.

Explosivos

No se conoce con precisión la fecha del descubrimiento de la **pólvora** però no hay duda de su procedencia china, de donde pasó a Europa introducida por Berchtold Schwarz, monje alquimista alemán. El uso de la pólvora, en diferentes presentaciones, sigue en vigor.

La **dinamita** fue creación del sueco Alfred Nobel, que la obtuvo impregnando con nitroglicerina un material inerte que posteriormente fue sustituido por una mezcla absorbente cuya energía de reacción potencia sus efectos destructores. **Amatol** es un explosivo nitrogenado utilizado en operaciones militares (voladuras, obuses, proyectiles aéreos, etc.) durante la Segunda Guerra Mundial.

Actualmente, los explosivos presentan una tecnología de fabricación adecuada a los fines que se pretenden como es el caso del **amonal** (mezcla de sal inorgánica nitrogenada, con TNT y un metal pulverizado) que se usa para carga de armas submarinas. El **hexógeno (ciclonita)**, es un potente y rompedor explosivo, utilizado en aplicaciones militares e industriales y que, agregado al amonal en una pequeña proporción, esta mezcla, parece ser, fue utilizada en el atentado terrorista provocado en el aeropuerto de Barajas.

Goma-2, es un explosivo de tipo dinamita, utilizado, en la industria (minería) y que se presenta como **Goma-2 EC** y **Goma-2 ECO**. Esta última modalidad, se informó que fue utilizada en el atentado del 11-M de Madrid.

Otro compuesto, el **triperóxido de triacetona (TATP)** es muy utilizado en los atentados perpetrados por la organización islamista Al Qaeda, ya que el **(TATP)** se trata de un explosivo de sencilla fabricación a base de reactivos de fácil adquisición con los que se puede obtener un material de difícil detección, eso sí, de arriesgada manipulación ya que «Madre de Satán» –nombre con el que se le conoce– es muy inestable a causa de la gran volatilidad de esta sangrienta mezcla que, su inadecuado manejo, produjo la explosión de una casa de Alcanar (Tarragona) además de un muerto y siete heridos graves el 16 de agosto de 2017.

En los años 70 del pasado siglo, algunas empresas fabricantes de explosivos incluían en sus productos unos marcadores microscópicos codificadores que facilitaban la localización del establecimiento donde se había expendido el explosivo, con lo cual se abreviaban las pesquisas para identificar al comprador del explosivo.

En 1979, las empresas dejaron de incluir estos marcadores aduciendo razones económicas y políticas. Solo en Suiza siguen incluyendo marcadores en este tipo de materiales.

La agencia SINC (agencia pública española de noticias relacionadas con la ciencia) informaba, a principios de 2012, de las investigaciones llevadas a cabo en la universidad de Oviedo sobre marcadores químicos y anotaba que Analytical Chemistry (prestigiosa revista de Química Analítica, editada por American Chemical Society) publicó dos estudios sobre el procedimiento patentado por investigadores de la Facultad de Química de Oviedo para anexionar marcadores químicos encubiertos a diversos objetos y productos (joyas, explosivos, obras de arte, alimentos, drogas, origen de los peces, natural o de piscifactoría …) para poderlos determinar con exactitud aún transcurrido el tiempo, agilizando identificaciones evitando así fraudes y posibles usos ilegales.

El método utilizado consiste en agregar al material objeto de seguimiento, dos isótopos estables (no radiactivos, sin riesgos para la salud y el medio ambiente) de un elemento químico y después investigarlos en el espectrómetro de masas, para determinar si la relación entre ambos isótopos es la adecuada, esto es, presenta la relación de isótopos prefijada que, si es así, indicará que se trata del producto marcado.

ARMAMENTO NUCLEAR EN ESPAÑA

*España necesita su propia fuerza
de disuasión nuclear*

Manuel Díez-Alegría, militar y diplomático

La fisión del núcleo del átomo del uranio-235 se incorporó como explosivo bélico, como es sabido, en la década de los años 40 (Hiroshima, 1945) del siglo pasado. Las explosiones nucleares se basan en reacciones nucleares que pueden ocurrir con poco tiempo de advertencia o sin previo aviso.

Por cada fisión del U-235 se liberan de 2 a 3 neutrones que originan dos o más fisiones. Los neutrones producidos en la segunda fisión, al chocar con otros átomos producen cuatro o cinco fisiones y así progresivamente, dando lugar a una reacción en cadena que, de ser incontrolada, la energía que se produce es el origen de la bomba atómica.

Al terminar la segunda Guerra Mundial, la energía nuclear empezó a implantarse en sus dos principales vertientes: fines pacíficos (la primera central nuclear comenzó a funcionar en Rusia en 1954, mientras que, por esas fechas, el presidente norteamericano D. 'Ike' Eisenhower presentaba su programa Atoms for Peace) y la defensa (bomba atómica), Cuando en España se conoció la existencia de uranio en nuestro país, se iniciaron las primeras especulaciones sobre la posibilidad de la posesión de una bomba atómica (a ser posible de plutonio-239, más asequible económicamente) que potenciara la defensa nacional en plena guerra fría.

José María Otero de Navascués, contralmirante-ingeniero de la Armada y físico agilizó la incorporación de España a este nuevo tipo de energía impulsando la creación (1951) de lo que sería la Junta de Energía Nuclear (JEN) como organismo controlador de las investigaciones y desarrollo de la tecnología nuclear.

A mediados de los años 50, parece ser, Otero inició las gestiones para la instalación de centrales nucleares que contribuirían a proporcionar energía eléctrica a los españoles.

Por otra parte, el físico nuclear y militar de Aviación Guillermo Velarde, inició el programa nuclear militar con el propósito de fabricación de la bomba nuclear, proyecto que denominó Islero, posiblemente aludiendo al toro que, en agosto del 47, mató a Manolete.

El proyecto, en cuestión, fue bien acogido por buena parte de las autoridades de aquel entonces, ya que veían muchas posibilidades en la energía nuclear, tanto en el bienestar de España como en prestigio internacional.

A mediados de los 60, Velarde –que venía de investigar en los Estados Unidos– presentó a Franco, en una entrevista en 1966, poco después del accidente de Palomares (choque de dos aviones norteamericanos, uno de los cuales transportaba cuatro bombas termonucleares), el proyecto nuclear que anteriormente había interesado mucho al jefe del estado pero que, posteriormente, su entusiasmo se había enfriado ya que se temían fuertes sanciones económicas por parte de Estados Unidos, por lo que Franco le comunicó que el desarrollo del proyecto de armamento nuclear había quedado aparcado y las futuras investigaciones sobre el tema se realizarían fuera del ámbito militar.

A finales de los años 60 se inauguró la primera central nuclear en España en Almonacid de Zorita (Guadalajara) a la que se denominó José Cabrera (ingeniero promotor de centrales nucleares) Paralelamente se estableció el Consejo de Energía Nuclear que se encargó del uranio, su enriquecimiento y su distribución a las centrales nucleares.

Durante los años 70 (años 74 a 78) y principios de los 80, el proyecto Islero siguió vivo con políticos que lo apoyaban como Arias Navarro, Suárez, etc., mientras otros eran reacios al mismo como López Bravo.

Los crecientes movimientos ecologistas en el País Vasco (**por una costa vasca no nuclea**r) y Cataluña contra el Plan Energético Nacional de 1975, el rechazo al supuesto riesgo del desarrollo de la tecnología nuclear y al peligro de contaminación que suponen los residuos radiactivos si no se gestionan y almacenan correctamente, agrupaciones y colectivos antinucleares en pleno despegue (**nucleares no, gracias**), pacifistas, la entrada de los socialistas en el gobierno, así como la decisión internacional de permitir la posesión de armas nucleares solamente a los países (USA, Rusia; China y Francia) que ya las tenían en 1967, respaldaron el declive del proyecto de Velarde cuyo final se consumó en 1987 con la firma de España del Tratado de No Proliferación Nuclear.

Guillermo Velarde murió en 2018, unos años después de publicar su libro *Proyecto Islero* (Guadalmazán). En reconocimiento a su labor precursora en la investigación nuclear española, el Instituto de Fusión Nuclear (IFN) de la Universidad Politécnica de Madrid lleva su nombre.

Por poco tiempo, Velarde no pudo enterarse que la ciencia había logrado *embotellar el Sol* (expresión coloquial utilizada por algunos físicos nucleares para denominar la reproducción en el laboratorio de las reacciones que ocurren en el Sol mediante la fusión nuclear), para lo cual se necesitan temperaturas equivalentes a las que utilizan las estrellas como el Sol en sus reacciones de fusión nuclear, fuente de la energía que la citada estrella derrama al espacio. En diciembre de 2022, se informó oficialmente que en el Lawrence Livermore National Laboratory de California, se había conseguido obtener más energía a partir de la fusión nuclear que la energía láser que se había utilizado en el proceso. El 13 de diciembre de ese año, el gobierno de los Estados Unidos confirmó que había obtenido una fusión nuclear con ganancia neta de energía. El informe tiene importancia a nivel experimental pero no para su aplicación inmediata como energía de consumo; pasará tiempo para que esto suceda.

Fusión nuclear: es una reacción nuclear que ocurre cuando se combinan (fusionan), a elevadas temperaturas, dos núcleos ligeros para formar otro núcleo más pesado. Para que la reacción sea rentable, la energía que se utiliza en la unión de los dos núcleos tiene que ser menor que la energía desprendida (reacción exotérmica).

Las ventajas de la fusión nuclear es que es más limpia y más segura.

La expresión *embotellar el Sol* utilizada por los físicos estadounidenses cuando informaron que, oficialmente, habían logrado la fusión nuclear, es una forma de hablar que no se puede conceptuar de original ni reciente porque, según nos cuenta el realizador cinematográfico Óscar Bernádez en su interesante película documental *El hombre que embotelló el Sol* (Nakamura Films, RTVE) ya Pedro Zaragoza se adelantó a *embotellar el Sol* de las playas de Benidorm, localidad de la que, por aquel entonces y durante muchos años, fue alcalde.

Identificación de elementos traza en armas de fuego

*¿Tienes una pistola en el bolsillo
o es que te alegras de verme?*

Mae West

Los analitos se presentan en tamaños muy variados, desde las muestras extraterrestres –cuya masa se mide en kilogramos– de las cuales hay que separar pequeñas virutas de 0,1 a 1 gramo (muestras de tamaño normal) para su estudio, hasta muestras mucho más diminutas.

Por su cantidad relativa de contenido de un elemento o compuesto en la muestra investigada, los componentes se clasifican en:

- Mayor: de 1 al 100%
- Menor: de 0,1 a 1%
- Traza: < 0,01%
- Ultratraza: < 0,0001%

En la investigación de un disparo de arma de fuego hay que realizar primeramente una revisión ocular seguida de un estudio del tipo de arma y proyectil utilizado que serán fundamentales para la resolución del caso.

Un disparo viene seguido de reacciones fisicoquímicas que nos pueden informar acerca de las sustancias responsables del impulso sobre el proyectil que implica la emisión de vapores (nube) y diminutas partículas de metales que se localizan en las cercanías inmediatas del punto donde se realizó el disparo y en la persona sospechosa del mismo.

- Partículas de elementos y compuestos resultantes del disparo:
- Restos del detonador: cobre, plomo, etc.
- Restos de la pólvora: nitritos, nitratos, etc.
- Restos de la carga propulsora: bario, antimonio, aluminio, etc.

Se inicia la investigación de restos resultantes de un disparo, cuyos indicios se rastrearán en la mano (dorso y palma) y en prendas de manga larga de la persona involucrada en las pesquisas.

La velocidad de las partículas liberadas al espacio en el momento del disparo en un círculo de unos 100 centímetros de diámetro alrededor de la mano del autor del disparo, da lugar a que estas muestras microscópicas puedan ser investigadas por distintos procedimientos instrumentales de detección de elementos químicos.

PROCEDIMIENTOS QUE SE REALIZAN EN LABORATORIOS OFICIALES Y FORENSES POR PERITOS QUÍMICOS CON LOS RESTOS RESULTANTES DE UN DISPARO CON ARMA DE FUEGO, PARA DETERMINAR LA AUTORÍA DEL MISMO

1. Prueba de la **parafina** (en desuso porque tiene poco margen de tiempo).
2. Prueba del **rodizonato de sodio $Na_2C_6O_6$** (sal del ácido rodizónico) se trata de la reacción de los elementos de los restos del disparo con el rodizonato de sodio que puede dar lugar a la formación de rodizonato de plomo (II) y también (o no) de rodizonato de bario.

   En caso positivo:
   – Rodizonato de plomo (II): aureola rojo escarlata
   – Rodizonato de bario: rosa marrón
3. **Espectrofotometría de absorción atómica, EAA,** método que se basa en la medida de la energía radiante absorbida a diferentes longitudes de onda (proporcional a la concentración de átomos libres absorbentes de la energía y que se encuentran en su estado fundamental).

   Con este método de análisis instrumental se pueden identificar y cuantificar con precisión gran parte de los elementos químicos registrados en la tabla periódica.
4. **Microscopio electrónico de barrido, MEB (Scanning Electron Microscope, SEM),** se trata de un microscopio que crea imágenes de alta resolución con un haz de electrones sustituyendo al haz de luz.

   El Scanning Electron Microscope acoplado a **EDS (EDX)** (espectrometría de energía dispersiva de rayos X) presenta la ventaja que –además de precisión en la determinación de la presencia de plomo, bario y antimonio en muestras obtenidas de las manos o prendas del autor del disparo, ya que las características más insignificantes de la muestra puedan ser estudiadas con un gran aumento de tamaño y precisión– no se trata de una técnica destructiva.
5. **Prueba de activación de neutrones, NAA.** Residuos, por ejemplo, de compuestos de antimonio y bario de un disparo de pistola son detectados en cantidades muy pequeñas (microgramos) por esta técnica que, prácticamente, no es destructiva ya que la muestra permanece igual después del proceso analítico al que ha sido sometida. El inconveniente que presenta este método, al igual que el microscopio electrónico de barrido **(SEM-EDS),** es el elevado presupuesto de realización. (Ver práctica de activación de electrones).

Objetivos:

En esta práctica, investigaremos a partir de soluciones que contienen elementos (Pb, Sb, Ba y Cu) que suelen figurar en forma de trazas en los impactos de bala, por lo que son conocidos como *residuos de disparo*.

Vamos, pues, a identificar alguno de esos elementos con ensayos directos, continuación de los que hemos hecho en la práctica Investigación de cationes

Material:

– Amoniaco 2 M, EDTA-Na_2 al 5%, tiosulfato de sodio, HCl concentrado.
– *Soluciones-problema* que contienen alguno de estos elementos.
– Tubos de ensayo, gradilla, pipetas o cuentagotas, placa de toques, varilla, y varilla de hilo de platino.
– Indicador pH (papel pH, pH-metro).

Método:

COBRE, PLOMO Y BARIO

Investigación por vía seca:

Para su identificación utilizaremos la técnica del ensayo a la llama: en un vidrio de reloj limpio, ponemos la muestra que vamos a investigar y agregamos una gota de HCl concentrado. Con las debidas precauciones, se moja la punta de un hilo de platino y se acerca al extremo de la llama incolora del mechero Bunsen. Llama color verde esmeralda oscuro:cobre.

Identificación por ensayo a la llama

- Plomo: color azul grisáceo
- Bario: color verde desvaído

(Ver Espectroscopia de emisión atómica, AES)

Entre otras partículas metálicas, aunque no tan frecuentes, que pueden localizarse junto a las inmediaciones más cercanas a un disparo, podemos citar mercurio, níquel, hierro, estaño y cromo. (Ver práctica Investigación de cationes).

ANTIMONIO

El problema debe tener pH ácido; si presenta precipitado se trabaja con la parte disuelta.

1. Ponemos en un tubo de ensayo 5 gotas de solución con pH ácido, se añade amoniaco (hidróxido de amonio) 2 M hasta pH neutro.
   Para que la experiencia sea correcta el pH tiene que ser neutro.
   No preocuparse si se forma precipitado.
2. Se agrega un volumen doble de solución EDTA-Na_2 al 5%. Aunque normalmente desaparecerá el precipitado anterior formado con amoniaco, pero si permanece un precipitado insoluble en EDTA-Na_2, no influye en el resultado de la investigación.
3. Se añaden 0,5 gramos de $Na_2S_2O_3$ (tiosulfato de sodio) sólido. Calentar con cuidado a ebullición y si se forma precipitado rojo-naranja es debido a la presencia de antimonio.

Extracción del ADN

El amor es fundición de Física y Química
Severo Ochoa

Análisis del ADN: La técnica forense para identificar víctimas se basa en la investigación del ADN mitocondrial (ADNmt), el cual se encuentra en el interior de la mitocondria situada en el citoplasma celular, proporcionando energía a la célula, mientras que el ADN nuclear (ADNn) controla las actividades de la célula ya que el núcleo es el centro de control de la misma.

Los dos tipos de ADN se encuentran en la misma célula y es muy sencillo obtener las muestras necesarias a partir de un hisopo bucal (instrumento que se utiliza frotando el interior de la mejilla para recoger fragmentos o muestras de células) para su estudio en el laboratorio, siguiendo las normas establecidas por la Sociedad Internacional Genética Forense[9], aunque como sabemos, en según qué circunstancias, se pueden conseguir incluso de una servilleta de papel recientemente utilizada.

El ADNmt se encuentra en una proporción mucho mayor de copias en cada célula que el ADN nuclear. La obtención de una prueba útil es más fácil con el ADNmt ya que sus moléculas son más estables (no se descomponen con tanta celeridad como las del ADN nuclear). Por eso, el ADNmt es más utilizado por la ciencia forense para identificar cadáveres, restos humanos y personas desaparecidas, eso sí, siempre que existan familiares con los que confirmar la similitud de los respectivos ADN mitocondriales. El análisis mitocondrial se transmite por vía materna, esto es, hijos/as heredan el ADN mitocondrial y, naturalmente, solo las hijas pueden transmitir el ADNmt de su madre a sus descendientes.

Informe resumido de la estructura del ADN: Está formada por dos cadenas en forma de espiral enrolladas alrededor del mismo eje (doble hélice). Cada una de ellas tiene como componentes moléculas de azúcar desoxirribosa y radicales (grupos) fosfato unidas por enlaces alternos contando, además, con bases nitrogenadas (almacenan información sobre el color de ojos, pelo y otros detalles de transmisión intergeneracional –rasgos genéticos– con los que se puede elaborar un **mapa genético**) que se unen a la desoxirribosa.

El ADN contiene cuatro bases nitrogenadas: adenina (A), citosina (C), guanina (G) y timina (T).

Las bases nitrogenadas de una banda se unen con las bases de la otra banda por enlaces (puentes) de hidrógeno. Estos enlaces son específicos ya que están condicionados químicamente, esto es, la adenina de un codón (secuencia de tres bases nitrogenadas sucesivas de una molécula de ARN mensajero, ARNm, que determina el orden de unión de los aminoácidos en la síntesis de las proteínas[10], actuando como patrón de la misma) se une con la timina de la cadena complementaria, mientras que la citosina presenta puente de hidrógeno con la guanina.

---

9 Ver el ADN en la Química forense.
10 La información se traslada al citoplasma (parte de la célula situada entre el núcleo y la membrana externa) mediante la generación de una copia de ARNm (portadora de la información) originada por una secuencia de ADNn.

Tanto las moléculas de ADN como las de ARN son polímeros constituidos por largas cadenas de bases (nucleótidos).

El termino **secuencia** de ADN alude a una serie de letras que simbolizan la estructura básica de una molécula o banda de ADN susceptibles de conducir información.

Código genético: norma de correspondencia entre la secuencia de nucleótidos y la secuencia de aminoácidos, esto es, las pautas que facultan la traducción de una secuencia de nucleótidos en el ARN a una secuencia de aminoácidos que constituye la proteína; el código genético informa sobre la secuencia de bases que contiene el **gen**.

En resumen, se define como **gen** a la zona de la molécula de ADN en la que se encuentra una secuencia de bases que se traduce en una secuencia característica de los aminoácidos que forman parte de una proteína.

Se llama **repetición en tándem** a una secuencia de dos o más bases de ADN que al repetirse varias veces forman una cadena en un cromosoma (orgánulo definitorio de la herencia del individuo). Este tipo de repeticiones se pueden utilizar como **marcadores genéticos** (relacionan una enfermedad hereditaria con el gen responsable) y para obtener la huella genética en investigaciones forenses.

El ADN nuclear se utiliza para la determinación de paternidades y también para numerosos tipos de pruebas que, cómo sabemos, se realizan en laboratorios acreditados para esa investigación y laboratorios forenses.

Objetivos:

En esta práctica –utilizando material ordinario del laboratorio y elementos de la vida cotidiana– desarrollamos un accesible método de extracción de ADN que, aunque no muy puro, si lo suficiente como para proporcionar muestras casi primitivas de las moléculas que suministran datos hereditarios.

Material:

- Cloruro de sodio, jabón (detergente) líquido, cebolla y agua destilada, hidrógenocarborato de sodio (bicarbonato de sodio), $NaHCO_3$, propanol (alcohol isopropílico) y cebollas.
- Vasos de precipitados, mortero con mano, embudo, agitador (varilla) y tubo de ensayo.
- Pipeta de 10 mL, probetas de diferente volumen.
- Balanza analítica.

Método:

1. En un vaso de precipitados añade 118 mL de agua destilada y 1,4 gramos de NaCl, 4,8 gramos de hidrógeno carbonato de sodio y 4,5 mL de jabón (de ropa) líquido.
2. Coloca el vaso en un recipiente con agua fría y cubitos de hielo pulverizados para enfriar la mezcla.
3. Cortamos la muestra investigada (cebolla) en forma de trocitos diminutos y los trituramos en el mortero después de agregar una pequeña cantidad de agua.
4. Derramamos cuidadosamente 4,5 mL de esa hortaliza en un vaso de precipitados y añadimos unos 9 mL de la solución de sales preparada en el apartado 1 que, ya enfriada, la agitaremos bien durante unos 3 minutos.
5. Filtrar lentamente (unos 5 o 6 minutos) con un embudo para eludir el desecho vegetal, mientras el líquido se guarda (unos 5 mL) en un tubo de ensayo. La solución tendrá trazas de ADN mezcladas con material de desecho.
6. Medimos con la pipeta 8 o 10 mL de propanol (alcohol isopropílico) concentrado (80-99%), previamente enfriado (0°C) en el frigorífico y lo introducimos en la solución que contiene las trazas de ADN, eso sí, dejando que el alcohol se deslice lentamente por la pared del tubo algo inclinado. El alcohol flotará arriba (menos densidad) y la solución se posicionará abajo.

7. Se introduce una varilla, agitamos muy lentamente con la punta atravesando el alcohol con precisión hasta debajo de la separación entre capa y capa del isopropanol y la solución de sales. Después de 60 segundos de agitar la varilla, la sacamos mientras observamos que en un extremo de la misma se acumulan fragmentos densos y pegajosos de ADN a la vez que los trozos diminutos permanecen en la solución.

Conclusiones:

Con esta experiencia se pueden llegar a clasificar muestras de ADN de doble hélice según sus longitudes. La molécula de ADN es un filamento cuya longitud se mide en kilobases (1 kb = 1000 pares de bases (*) de ADN = 0,34 micras) cuyo número depende de la especie. El ADN está en todos los seres vivos (animales, vegetales, bacterias, etc.), no importa su tamaño.

Severo Ochoa homenajeado en Navarra (Foto: Sebastián Remón)

Severo Ochoa, español nacionalizado en USA fue premiado por el Nobel de Fisiología y Medicina 1959, ya que sus trabajos e investigaciones fueron decisivos para descifrar el código genético. En 1955 había publicado su hallazgo de la enzima que sintetizaba el ARN, esto es, el intermediario que utiliza el ADN para producir la proteína polinucleótido-fosforilasa que más tarde fue conocida como polimerasa, enzima con la que se realizaba la síntesis de los ácidos nucleicos. El premio lo compartió con su alumno Arthur Kornberg que, a su vez, había descubierto la enzima que creaba el ADN (DNA en inglés).

Antes de viajar a Estados Unidos, Ochoa se matriculó en las oposiciones a la Cátedra de Fisiología de la Universidad de Santiago de Compostela, que se convocaron en 1935 y que se realizaron entre finales de ese año y principios del siguiente, durante la segunda república española. Juan Negrín, catedrático de la Universidad de Madrid y profesor de la Residencia de Estudiantes había convencido a su alumno Severo Ochoa de la conveniencia de presentarse a esas oposiciones ya que tenía muchas posibilidades de conseguir la plaza, dado su currículo y otras circunstancias favorables. A pesar de todo, Severo era reacio porque él prefería la investigación a la docencia, pero Negrín (que posteriormente sería ministro de Hacienda y presidente de la República) acabó convenciéndole argumentando que en la Universidad las condiciones de investigación eran mejores que en cualquier otro laboratorio o institución.

A las pruebas se presentaron tres candidatos, Ochoa afirmó que, aunque no estuvo muy brillante, entiende que debería haber obtenido la cátedra. Su relevante currículo cuenta, además, con publicaciones en prestigiosas revistas extranjeras, trabajos en Alemania en los laboratorios de biología de Otto Meyerhoff, premio Nobel 1922, y en Londres con Henry Dale, premio Nobel en 1936 y también en el Departamento de Fisiología en el University College de Londres con Archibald Hill, otro premio Nobel; pero todo eso no fue suficiente.

A Severo Ochoa no le sentó bien la decisión del tribunal, manifestó que nunca se presentaría a otras oposiciones, así que se fue a Estados Unidos, pero no por razones políticas como intentaron aducir algunos. Según manifestó, su mujer y él no se inclinaban por ninguno de los dos bandos y su decisión de emigrar era porque no le convencían las posibilidades de enseñanza e investigación en aquella España de preguerra.

En 1959 obtuvo el Nobel de Medicina, que seguramente no hubiera conseguido si se hubiera quedado en España. Posteriormente, el gobierno de Franco le ofreció una cátedra en la Universidad de Madrid –dato confirmado, pasado el tiempo, por un ministro de la época– pero Ochoa la rehusó porque prefería seguir trabajando en los Estados Unidos.

Obtención del ADN para su investigación

Objetivos:

Las células epiteliales (clase especializada de células que forman un tejido homogéneo conocido como epitelio) son consideradas trazas biológicas cada vez más frecuentes en las investigaciones de criminalística para extraer el ADN, cuando no hay otros indicios que se puedan utilizar para resolver un crimen o hecho delictuoso. Esta técnica se suele utilizar en laboratorios de la policía científica de algunos estados de USA.

Material:

- Tubos de ensayo, vasos de precipitados, gradilla, pipetas, agitador adecuado y sistema de centrifugación.
- Fenol, cloroformo (estabilizado) e indicador pH.

Método:

1. En la vitrina de gases, con las debidas precauciones y en cantidades adecuadas, se prepara una mezcla fenol-cloroformo:
    Fenol saturado de tampón y cloroformo (proporción 1:1).
2. Las células disgregadas (lisadas) se mezclan con volúmenes iguales de la mezcla recién preparada en el apartado 1. Seguidamente la mezcla se centrifuga.
3. Centrifugación; se forman dos fases:
    a. fase acuosa superior (menor densidad).
    b. fase orgánica inferior (fenol-cloroformo) más densa debido, sobre todo, a la densidad del cloroformo. (densidad del fenol: 1,07 g/mL; densidad del cloroformo: 1,48 g/mL).
4. Separación:
    - ácidos nucleicos (fase acuosa superior): pH = 7
    - proteínas (zona interfases)
    - lípidos hidrofóbicos (fase orgánica inferior)
5. Separar la fase acuosa superior evitando tocar con la pipeta las otras dos fases.
6. El ADN disuelto en la solución (fase) acuosa precipitaría añadiendo alcohol isopropílico. Hay que controlar el pH de la mezcla porque en el caso que sea < 7, entonces el ADN precipitará en la fase inferior (orgánica).

    Este método presenta los inconvenientes de que es lento y utiliza reactivos peligrosos y contaminantes. La inclusión de esta práctica solo tiene carácter informativo.

Análisis forense de documentos

La falsedad tiene alas y vuela
y la verdad la sigue arrastrándose
Miguel de Cervantes

Objetivos:

Comprobación de la autenticidad de documentos públicos, oficiales, privados, identitarios, comerciales, certificados manipulados, billetes falsos, etc.

Visión teórica de cómo los especialistas forenses y la policía científica se enfrentan a uno de los más conocidos delitos que se cometen en la actualidad.

Vamos a investigar la autenticidad o no de un cheque abonado en un banco por un importe de 9900 € cuando el pagador redactó el documento por un valor de 900 € por lo que suponía que la cantidad librada había sido manipulada.

Este tipo de análisis es aconsejable realizarlo con HPLC (Cromatografía liquida de alta eficacia) de microdiámetro y detector de diodos para detectar y resaltar mejor los datos proporcionados por exiguas muestras de tinta.

Material:

- Micro-estilete.
- Tubos de vidrio de diámetro capilar.
- Cromatógrafo de líquidos HPLC.
- Método de provisión de disolventes programados.
- Equipo de introducción de líquidos.
- Detector de diodos HPLC.
- Programación adecuada para los gráficos en el ordenador.

Método:

1. Con un micro-estilete, para no estropear el cheque, extraer porciones muy pequeñas (de diámetro sobre 0,9 mm) de los números escritos en el documento investigado. La tinta del bolígrafo separada del cheque se guarda en un diminuto tubo de vidrio de diámetro capilar al que se añaden $3,8(10^{-3})$ mL de una mezcla de líquidos extractores (eluyentes) utilizados en la preparación del material.

2. Se toman 1,8(10⁻³) mL de la solución preparada que serán inyectados mediante un método que facilite seleccionar la información suministrada por la muestra aumentando así el número de datos proporcionados por la solución inyectada, agilizando el análisis químico utilizando una técnica sencilla (*método en análisis químico por inyección en flujo, FIA*)[11].

Una vez obtenido un gráfico en tres dimensiones, se acoplan los parámetros analíticos del detector de diodos para adaptarlos a la constitución de la solución investigada.

3. Repitiendo este protocolo en los otros números, se comprobó mediante los gráficos, que la composición y número de tintas de la cifra sospechosa era diferente a las de los otros números, ya que estos números habían sido escritos con otro bolígrafo.

Detector para cromatografía: mecanismo que permite medir, a la salida de la columna, una propiedad física del eluyente, la cual depende de la composición del mismo.

Detector de diodos HPLC (analítico): permite medir la absorbancia de ocho longitudes de onda en una celda al mismo tiempo que la medida de todo el espectro.

Absorbancia: se define como la cantidad de luz absorbida por la muestra o, también, la disminución de la radiación que se produce al atravesar un cuerpo o un medio y depende de la naturaleza del material o medio penetrado.

HPLC (Cromatografía líquida de alta eficacia, también conocida como cromatografía líquida de alta presión o cromatografía líquida de alta resolución).- Técnica sensible para separar o analizar mezclas en la que la muestra se bombea a través de una columna cromatográfica, separándose los componentes según sus interacciones químicas y la columna cromatográfica. (Ver Análisis Químico: Introducción).

TLC thin-layer chromatography, cromatografía en capa fina).- En este tipo de cromatografía la fase móvil (muestra con un disolvente orgánico) asciende por capilaridad hacia arriba a lo largo de la fase estacionaria (fina capa de material adsorbente), mientras que los componentes de la mezcla se van desplazando según sus afinidades.

Comparador espectral de video (VSC).- Se utiliza para investigar las tintas de un documento sin modificarlo, por lo que está integrado en el grupo de sistemas de técnicas no destructivas de documentoscopia.

Se trata de un adaptable dispositivo que permite obtener, guardar y procesar imágenes del material estudiado, tales como documentos de identificación y de viaje, documentos al portador, billetes, documentos de vehículo, documentos manuales, etc., constatando, si procede, la legitimidad de los mismos. Se utiliza en aduanas, oficinas de migración y cambios de residencia, laboratorios de investigación policial (laboratorios de análisis documental y forense, etc.).

Este equipo instrumental presenta un sistema de iluminación susceptible de realizar el examen documental en un dilatado contexto del espectro lumínico (infrarroja, ultravioleta, coaxial, lateral, etc.) que permiten detectar, con remarcable eficacia, falsificaciones documentales.

---

11 Método automatizado de análisis químico que consiste en inyectar la muestra que se va a analizar en una solución portadora fluida (corriente portadora que fluye) para que se mezcle con los reactivos antes de llegar a un detector. En la corriente portadora tienen lugar los procesos físicos y químicos que se señalan en el detector.
Utilizando este método, en sus diferentes presentaciones, se pueden analizar las muestras con más rapidez y simplicidad.

DOCUMENTOS SECRETOS

La criptografía (escritura oculta en griego), arte de escribir con clave secreta o de modo enigmático, tiene más de 4.000 años de vigencia, siendo los jeroglíficos del Antiguo Egipto los escritos secretos que se consideran de mayor longevidad.

Revisando los mensajes e informes secretos desclasificados que conservan los servicios de inteligencia de CIA (Agencia Central de Inteligencia) relacionados con la Primera Guerra Mundial, se pueden conocer las técnicas y material utilizados por espías, agentes de contraespionaje, militares, etc. con las que se comunicaban durante la contienda, en la que los alemanes utilizaban una tinta invisible (una sencilla mezcla de aspirina) para su documentación secreta. También utilizaron el código ÜBCHI que fue desarticulado por los franceses.

Este tipo de información tuvo cierta importancia en la resolución final del segundo conflicto mundial cuando el servicio de contraespionaje de los aliados utilizó ese modelo de contacto para desconcertar al ejército alemán. El método de información consistía en enviar cartas que, a primera vista, contenían una información insustancial pero que, entrelíneas, incluía noticias y datos que se podían descifrar con la tecnología adecuada.

El enfrentamiento USA-Rusia de los servicios de espionaje-contraespionaje sobre las armas nucleares, es donde la criptografía adquirió considerable relieve en un conflicto que terminó con trágicas consecuencias.

Desde el término de la Segunda Gran Guerra del siglo pasado, se ha mantenido la importancia de la criptografía en sus diferentes presentaciones.

Hace algunos años (2013), el **Servicio Federal de Protección (FSO)** ruso –tras el conocimiento de revelaciones documentales como las de WikiLeaks, el espionaje telefónico procedente de USA (internet) y UK (escuchas durante la cumbre del G-20 en Londres, 2009) a algún miembro importante de la delegación rusa– tomó, entre otras medidas, la decisión de implementar la práctica de potenciar la documentación en papel en los servicios secretos, por lo que se comenzó a recuperar el uso de máquinas de escribir para así presentar la información en este tradicional soporte que, aunque trasnochado y obsoleto, ofrecía más garantías de discreción, evitando así las sugestivas filtraciones que ofrecen las nuevas tecnologías de comunicación.

ACTIVIDADES:

a. Recreación de mensaje secreto que podemos realizar en el laboratorio:

Material:

Hidróxido de sodio (bolitas), fenolftaleína (solución al 1%), frasco spray (pulverizador), vaso de precipitados, palillo de madera, varilla, vidrio de reloj y balanza.

Método:

– En un folio de papel se escribe el mensaje utilizando un palito de madera impregnado de fenolftaleína (solución 1%).
– Mientras se seca el papel se prepara, con cuidado, una solución 0,03 M de NaOH (dos bolitas en 0,5 L de agua) introduciendo parte de ella en un frasco spray (pulverizador).
– Tomando las debidas precauciones y cuidando la respiración, se pulveriza moderadamente una porción del frasco spray sobre el papel seco a unos 30 o 35 cm de distancia y aparecerá el mensaje escrito.

b. Buscar en libros, hemerotecas, revistas o internet algún proceso judicial o incidente relacionado con el tema tratado.

Identificación del cannabis

La hierba te hace meditar

Bob Marley

El *Cannabis sativa* es una planta herbácea cuyas hojas opuestas, palmeadas y dentadas presentan unos pelos muy característicos. Es muy conocida desde la antigüedad, habiendo sido muy utilizada por sus propiedades naturales en el tratamiento de ciertas patologías, aunque, en la actualidad, es más conocida como un estupefaciente eufórico (que ocasiona el correspondiente subidón psicoactivo) pero cuyo consumo puede ocasionar trastornos psíquicos (alucinaciones, problemas mentales) además de taquicardias, obstrucción de las vías respiratorias superiores, afecciones oculares, etc.).

El concepto de *marihuana* o *maría* se refiere a las partes secas de la planta, esto es, las flores sin procesar.

El *hachís* es una sustancia resultante de comprimir la masa de la resina que se obtiene de la extracción de las flores de *Cannabis* (variedad india del cáñamo). Su color es verde, amarillo o rojo-teja, según el origen y pureza de la misma. Normalmente se presenta en forma de pastillas rectangulares, que se conocen como *chocolate*, uno de los apelativos más conocidos de la surtida nomenclatura utilizada por sus consumidores. En general, el hachís es *Cannabis*. Se suele fumar en forma de cigarrillos (*porros o canutos,* en su argot), mezclado con tabaco, aunque también se puede consumir en pipa y como condimento en alimentos.

Piedra de hachís

«El cultivo, elaboración, tráfico y posesión ilícita, así como las actividades que promuevan, favorezcan o faciliten el consumo de drogas tóxicas, estupefacientes y sustancias psicotrópicas están castigados por el artículo 368 del Código Penal».

Objetivos:

En esta práctica investigaremos la presencia de cannabis en una sustancia sospechosa de contenerlo.

Material:

- Tubos de ensayo, vaso de precipitados, cuentagotas, vidrio de reloj, pipetas, balanza digital, cronómetro y varilla.

    – Reactivos: vainillina (glucósido que se encuentra en la naturaleza en la vaina de la vainilla), acetaldehído, CH_3-CHO, ácido clorhídrico concentrado, alcohol 95° y cloroformo (estabilizado).

Método:

1. Se pesan 0,38 g de vainillina.
2. En un vaso de precipitados, verter 200 mL de alcohol 95° y sobre él, con precaución, cuatro gotas de acetaldehído (etanal) y 0,38 gramos de vainillina.
3. En un tubo de ensayo colocamos una pequeña cantidad de la sustancia investigada a la que añadimos 1,8 mL de la mezcla preparada anteriormente agitando suavemente unos 60 segundos.
4. Añade, con precaución, al tubo de ensayo 1,8 mL de ácido clorhídrico, HCl concentrado.
5. Esperamos unos minutos; si aparece algún color añadimos 0,9 mL de cloroformo, con las debidas precauciones, y agitamos cuidadosamente. Vitrina de gases.
6. Si observamos que se colorea de violeta la parte inferior, implicará la presencia de derivados del tetrahidrocannabinol (principios activos de las hojas del cannabis), lo que confirma el resultado positivo de la experiencia.

Cannabis medicinal

Este concepto se refiere a la utilización de algunos componentes (cannabinoides) del *Cannabis sativa* L. como principio activo terapéutico para mitigar dolencias y tratamientos de algunas enfermedades.

El cannabis es una de las drogas ilegales, por ahora, más consumidas por los españoles, ya que la tercera parte de la población reconoce haberlo experimentado, por lo menos, una vez.

Desde hace algún tiempo organizaciones sociales y grupos políticos están intentando establecer el consumo legal de la marihuana como medicamento, atendiendo a las reclamaciones de enfermos afectados de ciertas patologías que, con la prescripción medicinal de la marihuana, mejoraría su estado físico.

Hay que tener en cuenta que, parece ser, hay opiniones que se inclinan por una regularización en su consumo, no solo como medicamento, sino que se dictamine una normativa sobre producción, venta y distribución del cannabis, pero con las debidas precauciones para evitar el consumo excesivo del mismo.

Canadá fue el primer país en legalizar el consumo libre de cannabis; en USA son, por ahora, 29 los estados en los que se puede consumir el citado estupefaciente, pero observando ciertas pautas. En Argentina es legal para su uso medicinal mientras que en México se permite la posesión en el domicilio de marihuana, siempre que no sobrepase la cantidad legal estipulada.

El **cannabidiol (CBD)** es un producto innovador que actualmente se expende en las farmacias de España. Se trata de un fitocannabinoide que se obtiene de la planta del cannabis, que se utiliza de manera tópica (se aplica sobre la piel) y que no posee efecto psicoactivo o narcótico —ya que al no contener tetrahidrocannabinol (THC), no ocasiona relajación especial o colocón)– pero como puede interaccionar con el sistema endocannabiode (ECS) del organismo humano que controla funciones fisiológicas (como la presencia e intensidad del dolor) puede proporcionar alivio y bienestar debido a su efecto vigorizante.

Carlos Linneo (1707-1778), clasificó científicamente esta planta a la que denominó *Cannabis sativa* L: cannabis (palabra derivada del latín), sativa (significa sembrada) y la L alude al apellido del botánico sueco.

Identificación de la morfina

*Toda forma de adicción es mala,
sin importar si el narcótico es alcohol, morfina o idealismo*

Carl Gustav Jung

La morfina –de Morfeo, dios griego del sueño– es el primer alcaloide[12] del opio. Se presenta en prismas incoloros, brillantes e inodoros. Es un hipnótico poderoso y sedante, de gran acción analgésica que actúa selectivamente sobre receptores del sistema nervioso central. En dosis mayores actúa como narcótico, produce somnolencia, disminución del dolor y también cambios en el estado de ánimo y confusión mental. Su consumo habitual ocasiona adicción y tolerancia, habiendo sido muy utilizada como estupefaciente. El abandono repentino de su acostumbrada ingestión puede causar síndrome de abstinencia (ansiedad, vómitos, lagrimeo, agitación, etc.).

Pasado el tiempo los investigadores, al estudiar la acción de la morfina en el sistema nervioso, descubrieron un grupo de compuestos (conocidos como endorfinas) que existen en forma natural en nuestro cerebro y que producen los mismos efectos que los alcaloides. Estas sustancias químicas (neurotransmisores) transmiten información entre las células nerviosas, controlando el dolor, las sensaciones y emociones corporales.

La morfina fue utilizada como sedante en cirugía y en lesiones de guerra, pero la repetida administración de la misma a los militares de diferentes enfrentamientos bélicos (guerra de secesión USA, guerra franco-prusiana, etc.) ocasionó la consiguiente adicción a la misma que recibió el nombre de *enfermedad del ejército*.

Marianne Faithfull y morfina, dos musas de los Stones
(1981 The Decca Record Co Ltd)

La morfina –utilizada desde 1817, aunque su prescripción como analgésico no prosperó hasta 1853– sigue siendo un analgésico muy eficaz en dolores intensos, aunque los nuevos específicos sean menos adictivos y de más asequible administración.

---

12 Con este nombre, ideado por el farmacéutico alemán F.W. Sertürner, se designan diversas sustancias nitrogenadas que se encuentran en ciertos vegetales de carácter básico –de ahí su nombre– y muestran propiedades fisiológicas muy dispares (pueden ser venenosas mientras que algunas se utilizan en Medicina).

Los Rolling Stones (cocaína, heroína marrón *brown sugar*, etc.) como otros grupos de rock de los años 60-70 se inspiraron en ciertos estupefacientes para algunas de sus composiciones. Unos estímulos muy peligrosos, cuyo habitual consumo suele ocasionar peligrosas secuelas.

Objetivos:

Identificación de la morfina en un medio[13] biológico.

Material:

– Gradilla con tubos de ensayo, sistema de extracción, pipeta de Pasteur o cuentagotas e indicador de pH (pH-metro).
– Reactivo de Marquis y cloruro de hierro (III), $FeCl_3$.

   Reactivo de Marquis: descubierto por el farmacéutico estonio Eduard Marquis (1871-1944) (cinco gotas de formol 40% (formaldehído) en 5 mL de ácido sulfúrico concentrado).

Método:

a.
1. Deposita una muestra del residuo de extracción correctamente purificado en un tubo de ensayo. Para la extracción se suele utilizar una mezcla de cloroformo-metanol (9:1).
2. Añadir una gota del reactivo de Marquis, si la muestra contiene morfina, adquirirá –en principio– una coloración púrpura (rojo granate) que derivará a violeta y después a azul.

b.
1. Deposita una muestra del residuo de extracción correctamente purificado en un tubo de ensayo.
2. Derramamos con precaución en el tubo de ensayo, una gota de tricloruro de hierro, En un medio pH = 7, el $FeCl_3$ dará coloración azul o verde azulado en caso de presencia de morfina

   La investigación de este alcaloide es complicada dado que la morfina es poco soluble en una buena parte de los disolventes, por lo que su proceso de separación es dificultoso y, dado que su tecnología de extracción no figura en el texto, la inclusión de esta práctica en el mismo solo tiene carácter informativo.

Farmacia Guinart (Barcelona)

---

13 Se entiende como medio a una sustancia sólida, líquida o gaseosa en la que se produce un fenómeno físico, químico o biológico.

Identificación de la heroína

Un caballo llamado muerte
Javier Vargas/Miguel Ríos

Es un diacetil derivado de la morfina, muy tóxico, que se suele administrar normalmente por pinchazo intravenoso. Su nombre (del alemán heroisch) se debe a sus hipotéticas consecuencias energéticas en las guerras. En forma de clorhidrato es un polvo cristalino blanco, soluble en agua, y etanol. La ingestión de esta sustancia ocasiona una acusada sensación de euforia que rápidamente produce adicción a la misma y que, al hacerse crónica, da lugar a fatales consecuencias.

Las investigaciones realizadas en la búsqueda de un analgésico (calmante del dolor) definitivo, se encontraron erróneamente con este alcaloide, mucho más tóxico que la morfina y mucho más factible de adicción.

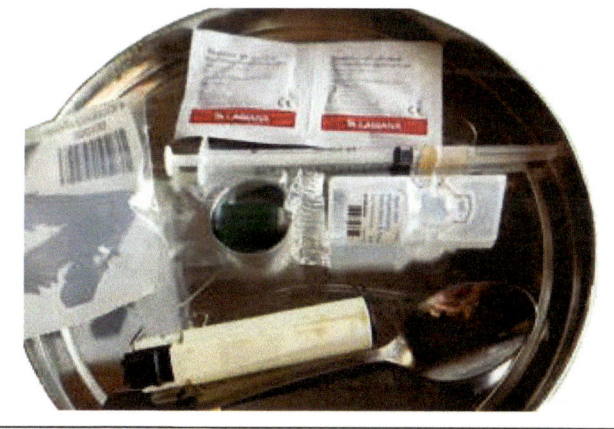

Kit de venopunción gratuito distribuido en las farmacias para el usuario de droga[14]

La heroína, obtenida por C. Romley Alder Wright a finales del siglo XIX, se suele elaborar por síntesis como resultado de la reacción del anhídrido acético con el clorhidrato de morfina, producto obtenido de la *adormidera* (planta herbácea, origen de la producción de opio y sus derivados).

Los laboratorios clandestinos fabricantes de este estupefaciente se suelen instalar en vehículos de mediano o gran tonelaje y con facilidad de desplazamiento en algunos estados de USA, para así, eludir el control policial y poder manufacturar y distribuir más cómodamente heroína ilegal, polvo de color blanco mate al que suelen añadir variados adulterantes (sustancias que alteran la calidad y pureza de las sustancias) y que está considerada como una de las drogas más dañinas.

---

14 Generalitat de Catalunya. Agència de Salut Pública.
   En la foto se incluye una cucharilla y un mechero (encendedor) ya que, a veces la heroína se calienta sobre la cucharilla poniendo siempre un mechero debajo. También se fuma en pipa, cigarrillo liado a mano (canuto), etc.

Objetivos:

Identificación de la heroína.

Material:

- Gradilla con tubos de ensayo, pipetas y cuentagotas.
- Reactivo de Marquis y cloruro de hierro (III), $FeCl_3$.

Método:

1. Introduce en un tubo de ensayo una pequeña cantidad de la sustancia que vamos a investigar.
2. Al añadir una gota del reactivo de Marquis; si la muestra contiene heroína adquirirá –en principio– una coloración púrpura (granate) que derivará a violeta y después a azul.

Contraanálisis:

La heroína, a diferencia de la morfina, no da color azul con el $FeCl_3$ (La razón es que la morfina contiene un oxhidrilo fenólico, mientras que la heroína carece de él[15]).

Nota: en aduanas y en los puestos de control, la inspección antidroga suele utilizar un kit (bolsita con reactivos identificadores que reaccionan con una muestra de la sustancia investigada) para ratificar la resolución del detector de narcóticos.

Conclusiones:

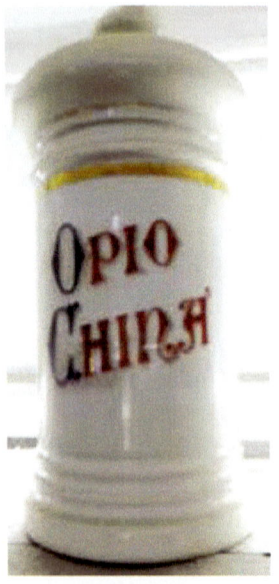

Farmacia Guinart
(Barcelona)

---

15 La prueba del cloruro de hierro (III) se trata de un clásico ensayo colorimétrico para investigar la existencia de fenoles en una muestra en solución acuosa (1 mL), utilizando unas gotas (2 o 3) de solución diluida al 5% de $FeCl_3$.
El cloruro de hierro (III) es corrosivo, hay que tomar las debidas precauciones.

Identificación del fentanilo

Las drogas son una pérdida de tiempo.
Ellas destruyen tu memoria, respeto y autoestima

Kurt Cobain

El fentanilo pertenece al grupo de los opioides (opioide sintético) y se trata de una droga mucho más fuerte que la morfina. Es un analgésico, *fentanilo farmacéutico,* que se administra con prescripción médica –en forma de parches– para aliviar dolores y molestias en el tratamiento de tumores y enfermedades crónicas; también se ha utilizado en anestesiología. La otra variedad es un fentanilo que se distribuye de forma ilegal, fabricado ilícitamente y que se conoce, como su nombre indica, como *fentanilo ilícito* que se sintetiza en laboratorios clandestinos. Su comercialización se inició en California (años 80) y se distribuye en circuitos de venta de drogas, entre las que destaca por su peligrosidad, contribuyendo, sobre todo en EEUU, al aumento de fallecimientos por sobredosis.

El consumo indebido de esta sustancia produce gran sensación de felicidad y efecto sedante pero, también, puede llegar a ocasionar náuseas, adicción, depresión respiratoria, pérdida de conocimiento e incluso la muerte.

Objetivos:

Identificación del fentanilo.

Material:

- Vaso de precipitados, varilla, espátula, vidrio de reloj, tiras reactivas de identificación del fentanilo, bandejita de tamaño adecuado.
- Cronómetro.

Método:

1. Una muestra (unos 10 mg) de sustancia a investigar se vierten en un recipiente adecuado al que se añaden unos mililitros de agua. Mezclar.
2. Se introduce la punta de la tira reactiva (de unos 8 cm de longitud) en el vaso de precipitados, manteniéndola así durante unos doce segundos.
3. Cuidadosamente se saca la tira reactiva del vaso de precipitados y se coloca en una bandejita seca y de tamaño suficiente.
4. Esperamos unos seis minutos y si aparece en la tira una línea rosa indicará la presencia de fentanilo, pero, si son dos las líneas rosas que aparecen sabremos que la solución no contiene fentanilo.

Los kits de tiras de pruebas de fentanilo para sustancia líquidas o sólidas (en polvo, etc.) son de utilización policial y forense, aunque también en ciertos mercados de venta de drogas y accesorios, se pueden adquirir para determinar si una sustancia contiene fentanilo para su ilegal consumo.

En España el problema del consumo desordenado del fentanilo no es tan acusado como en Estados Unidos, aunque los recientes informes sobre el incremento en el consumo sin receta del mismo, han impulsado al Ministerio de Sanidad a potenciar el control de la difusión del citado analgésico insistiendo en la necesidad de la receta médica para su correcto suministro.

La inclusión de esta práctica en el texto es exclusivamente informativa, no asumiéndose responsabilidad alguna en la utilización de la misma.

Identificación de anfetaminas

Una vida mejor gracias a la química
**Eslogan publicitario de los 50 recuperado
por el movimiento hippie en los 60**

La anfetamina, derivado químico de la efedrina, fue sintetizada por el químico rumano Lazár Edeleanu durante su estancia en la Universidad de Berlín en 1887, siendo investigada después por Henry Dale y George Barger en la W. Ph. Research de Londres.en 1910.

El inicio de su experimentación médica se inició en la segunda década del siglo xx, prescribiéndola para elevar la presión arterial de los hipotensos mediante agrandamiento de las fosas nasales y activando el sistema nervioso central. Poco después, en los años 30, se utilizó para el tratamiento de la narcolepsia (estado morboso caracterizado por accesos

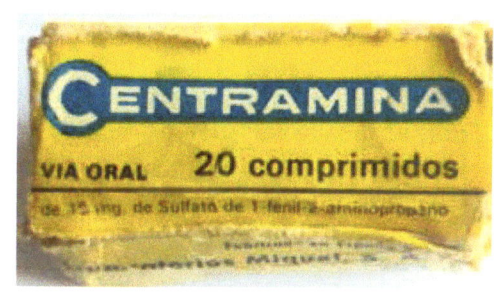

Laboratorios Miquel S.A.

de necesidad imperiosa de dormir o somnolencia). Posteriormente, la anfetamina conocida como **Dexedrina** comenzó a administrarse a niños con déficit de atención e hiperactivos.

La anfetamina es un fármaco que se prescribe para potenciar la euforia en ciertas patologías. Hace unas décadas las anfetaminas eran utilizadas por los estudiantes en época de exámenes para evitar el sueño y potenciar las facultades cognoscitivas. También se utilizaban para perder peso (libera de la sensación de hambre).

La anfetamina en forma de sulfato (sulfato de anfetamina) se llama coloquialmente **speed** y se adquiere en farmacias con la preceptiva prescripción médica. El speed se presenta en forma de polvo (para esnifar) blanco o en forma de tabletas y cápsulas. Su inadecuado consumo produce ansiedad, irritabilidad, palpitaciones, convulsiones e incluso accidentes cardiovasculares y otras alteraciones funcionales.

Objetivos:

Normalmente la presencia de anfetaminas se investigan en la orina, pero en esta experiencia lo hacemos en muestras de diversos medicamentos, alguno de los cuales puede tratarse de un compuesto de anfetamina: centramina, dexedrina, simpatina, etc.

Material:

- Gradilla con tubos de ensayo, espátula, pipetas, vidrio de reloj, varilla y cuentagotas.
- Reactivo de Mandelin **(solución de vanadato de amonio en ácido sulfúrico concentrado: 10 mg de sal en 1 mL de ácido)**, que utilizaremos con las debidas precauciones.
- Cuatro comprimidos de diversos fármacos.

Método:

1. Etiquetamos cuatro tubos de ensayo: A, B, C y D.
2. Introducimos cuidadosamente la muestra (unos 10 mg) en un tubo de ensayo, añadimos unos mililitros de agua, agitamos y separamos una muestra en un vidrio de reloj.
3. Derramamos lentamente dos gotas de reactivo de Mandelin sobre la muestra investigada. Si contiene anfetamina observaremos la aparición de color verde claro que va derivando a oscuro con celeridad.
4. Repite el procedimiento con las restantes pastillas.

Conclusiones:

Explica con un esquema los resultados obtenidos.

Pervitin

Durante la Segunda Guerra Mundial, los soldados alemanes comprobaron, personalmente, la conveniencia de la ingestión –contraindicaciones aparte– de anfetaminas para mantener alta la moral y la vigilia. Concretamente consumían metanfetamina (*) –producida a partir de la anfetamina al inicio del siglo xx– pervitín o pervitina, que en aquellos tiempos se expendía sin receta en Alemania. El doctor Ranker (Academia General Militar) informó a sus mandos que la pervitina en la mayoría de las personas aumenta la confianza en sí mismo, la concentración y la voluntad de asumir riesgos. Al tiempo reduce la sensibilidad al dolor, el hambre y la sed, así como la necesidad de dormir.

Los ejércitos de otros países también repartieron esta sustancia, como Japón, donde algunos de sus kamikaces la tomaban para cumplir, presurosos y animosos, sus arriesgadas hazañas bélicas.

En la actualidad, ciertos países incluyen en sus depósitos bélicos, fármacos para potenciar la energía y prolongar el tiempo de vigilia en sus combatientes.

Concluida la contienda mundial, la anfetamina fue comercializada como medicamento para tratamiento de diversos trastornos de tipo respiratorio y para dietas de adelgazamiento.

Esta anfetamina también la consumían trabajadores, funcionarios, ejecutivos para concretar negocios... y también las amas de casa, a las cuales, los Rolling Stones dedicaron la alusiva canción *Mother's little helper,* en la que aconsejan, eso sí, al final de la misma, moderación en el consumo para evitar la sobredosis.

En la década de los 60, la metanfetamina se puso de moda entre artistas, músicos y estudiantes, pero a la vista de los efectos secundarios, en 1971, la Convención sobre sustancias psicotrópicas redujo considerablemente la libre circulación de este tipo de sustancias que fueron sometidas a un drástico control médico, dándose la inverosímil circunstancia de que artistas (sobre todo rockeros) y también turistas, se desplazaban a España, donde era mucho más fácil conseguir speed que en sus países de origen, ya que las autoridades españolas no se preocupaban mucho de estos temas dado que estaban más inmersos en otro tipo de controles.

Frecuentemente las fuerzas policiales estadounidenses realizan batidas en la ruta 59 entre Houston y Laredo (Texas) que, a pesar de ello, sigue siendo muy utilizada para el transporte de anfetaminas sintetizadas en laboratorios clandestinos para consumo ilegal.

Cada cierto tiempo las autoridades de Texas desmantelan furtivos laboratorios repletos de sustancias dispuestas a ser transformadas en drogas prohibidas y precursores químicos (reactivos que se deben añadir en la primera fase de la elaboración de las mismas).

(*) *Su sensación estimulante es superior a la de la anfetamina, dura más tiempo y es más nociva.*

Identificación de la cocaína

Ella no miente

J. J. Cale

La coca es un arbusto de América del sur de cuyas hojas se obtiene la cocaína, la cual, hace ya miles de años era habitualmente consumida por los indígenas con la satisfacción de todos, dado que estimulaba el trabajo y el buen humor.

El colocón euforizante (también subidón psicoactivo) de una raya de cocaína (línea de polvo blanco que se prepara para esnifar). puede durar entre 20 y 45 minutos, aunque este rango de tiempo es muy variable porque depende de diversos factores.

Al final del siglo XIX y principio del XX, la cocaína era consumida por oradores, profesores y animadores como calmante para recuperar la garganta y, también, como fuente de inspiración. En Medicina tuvo aplicación como anestésico local.

Su consumo continuado ocasiona serios trastornos psíquicos, alteraciones del sistema nervioso, depresión, etc.

La cocaína llegó a ser objeto de culto entre artistas y músicos de los años 60 y 70, con nefastas consecuencias para algunos de ellos. Johnny Cash, Eric Clapton, Pete Townshend, entre otros, la recordaban en sus conciertos.

La cocaína es conocida en ciertos ambientes como nieve, coca o farlopa.

Farmacia Guinart (Barcelona)

Objetivos:

En esta práctica investigaremos la presencia o no de cocaína en alguna sustancia sospechosa de tenerla.

Material:

- Probeta, vaso de precipitados, varilla, papel de filtro, cuentagotas, pipeta, balanza, cronómetro.
- Reactivos: ácido fosfórico, H_3PO_4, tiocianato de cobalto (II), Co (SCN)$_2$, metanol y agua destilada.

Método:

1. En una probeta prepara 100 mL de una mezcla de metanol-agua (2:3 por proporción), añade 36 mL de metanol y enrasa hasta 100 mL con agua destilada.
2. Introduce la solución en un vaso de precipitados; agita con la varilla.
3. Añade 0,8 g de tiocianato de cobalto (II) y 1 mL de ácido fosfórico (orto-fosfórico) –densidad:1,7 g/mL– a la mezcla preparada.

4. En un papel de filtro deposita una muestra de la sustancia a investigar.
5. Con un cuentagotas toma una gota del vaso de precipitados depositándola sobre la muestra.
6. Para que la muestra contenga cocaína tiene que presentar un color azul verdoso antes que transcurran 5 segundos, para lo cual utilizarás un cronómetro. Los colores que pueden aparecer después ya no interesaran en el análisis.

CRACK

La cocaína obtenida a partir de hojas de coca trituradas, las cuales son sometidas a un proceso de transformación que da lugar al clorato de cocaína (cocaína en polvo) que, mediante otro proceso químico se elabora el **crack** (cocaína en piedra).

El crack se empezó a conocer a mediados de los 80, droga derivada del clorhidrato de cocaína, más nociva que esta, ilegal por supuesto, y nada recomendable de consumir. Sus efectos rápidos: euforia, placer, aumento de energía, pero también graves consecuencias cardiopulmonares, psicoactivas y sociales. Los adictos la suelen adquirir en forma de piedras blancas de variados tamaños, Su nombre se debe a que crepita (produce chasquidos repetidos) cuando se calienta y se suele fumar en tubitos de vidrio.

Conclusiones:

Drogas y cerebro

«Las neuronas son células de formas delicadas y elegantes,
las misteriosas mariposas del alma, cuyo batir de alas,
quién sabe si esclarecerá algún día los secretos de la vida mental»

Santiago Ramón y Cajal, Premio Nobel de Medicina 1906

El sistema nervioso humano está formado por células conocidas como neuronas en cuyos extremos presentan unos neurotransmisores que son sustancias químicas que se desplazan hacia los receptores de otra neurona contigua donde, después de haber transmitido una señal (impulso nervioso) al receptor, vuelve a la neurona emisora y se va acumulando en el espacio entre las neuronas (espacio intersináptico).

La cocaína ($C_{17}H_{21}O_4N$) altera la mente obstaculizando la recaptación neuronal (mecanismo de transporte que cruza una membrana biológica, estimulando así a los neurotransmisores a volver a la célula de la que antes habían salido). Este bloqueo de recaptación de neurotransmisores hace que se acumulen entre las células gran cantidad de moléculas neurotransmisoras que, al estar situadas en una parte perceptible al deleite en el cerebro, el consumidor de cocaína experimenta una sensación de relajación especial (*colocón*), a la que le satisface volver.

Uno de los neurotransmisores es una sustancia química llamada **dopamina**, (neurotransmisor que suele ser considerado como responsable de sensaciones relajantes placenteras y felicidad) la cual, en circunstancias normales, después de transmitir su mensaje a la neurona contigua vuelve a la neurona emisora, pero el consumo de cocaína obstaculiza el transporte de dopamina, ocasionando la acumulación de esta sustancia en el espacio intersináptico (espacio interneuronal) originando la consiguiente, efímera y placentera sensación.

Pasado un tiempo, el deleite pasajero de la cocaína desaparece por lo que el consumidor habitual, cada vez tiene que ingerir (esnifar, etc.) más cuota de alcaloide de coca para acumular más cantidad de neurotransmisores en la parte sensible al placer del cerebro para lograr alcanzar el mismo grado de euforia.

La razón por la que la cocaína tiene la capacidad de inhibir los neurotransmisores impidiendo que vuelvan a la neurona original, es la considerable interacción de las moléculas de cocaína con fragmentos de las moléculas de proteína de las paredes del túnel (canal ascendente de la membrana celular por donde circulan los neurotransmisores). Esta interacción entre cocaína y proteína es ocasionada por fuerzas intermoleculares. La cocaína es un alcaloide derivado del tropano (C8H15N), cuya peculiaridad ralentizadora en la relación entre neuronas se debe a que las condiciones de sus moléculas (dimensiones, polaridad, capacidad de adaptación a distintos ámbitos, bien sean hidrófilos o hidrófobos, estructura, etc.) son adecuadas para el bloqueo de los neurotransmisores.

En el argot de los consumidores de sustancias psicoactivas se suele llamar subidón a un estado de situación optimista y eufórica, colocón a una sensación relajada y plácida y mono síndrome de abstinencia o malestar producido por la carencia de droga.

Identificación de la mescalina

Mescalina mi amor me haces perder la razón

Los Rebeldes

La mescalina se obtiene del cactus de la América del Norte. Los indios la tenían en gran estima y la llamaban peyote (altura de 2 a 7 cm de altura, y hasta 12 cm de diámetro). Tiene forma redondeada, sin espinas y con flores color rosa y blanco.

Se trata de un psicótico que se utilizó en la exploración psicológica y psicoterapéutica, pero su consumo desordenado con el fin de experimentar sensaciones y placeres eufóricos la ha convertido, como a otros psicóticos, en compuesto peligroso ya que puede ocasionar náuseas, taquicardia, dificultad en la visión y, también, puede llegar a ocasionar trastornos mentales.

La mescalina es uno de los primeros alcaloides que se presentó como «droga recreativa», siendo su forma de consumo por vía oral (polvo, cristal o té de cactus). Produce exceso de locuacidad, excitación física y psíquica y también efectos parecidos a los del LSD como alucinaciones visuales y coloreadas.

Objetivos:

En esta práctica intentaremos determinar la presencia o no de la mescalina en una sustancia sospechosa de contenerla.

Material:

- Vidrio de reloj, tubos de ensayo, gradilla, pipetas y cuentagotas.
- Aldehído fórmico al 40%, ácido acético glacial y ácido sulfúrico concentrado.

Método:

1. En un tubo de ensayo añade 9 gotas de aldehído fórmico al 40% en 10 mL de ácido acético glacial.
2. En el vidrio de reloj colocamos una pequeña cantidad de la sustancia investigada.
3. Dejamos caer en el vidrio de reloj, cuidadosamente una gota de la solución del apartado 1.
4. A continuación, siempre con precauciones, añadir tres gotas de ácido sulfúrico concentrado.
5. La aparición de color naranja implicará que la muestra investigada contiene mescalina.

   Informe: Bureau of Narcotics and Dangerous Drugs (BNDD)-(DEA), U.S.

Conclusiones:

La placa de la foto es el último vestigio que queda del huerto que el eminente profesor anatomista, forense y toxicólogo **Juan Bastero Lerga** mandó plantar, a principios del siglo pasado, en un pequeño solar perteneciente al entorno de la antigua facultad de Medicina de Zaragoza. El propósito que le llevó a esta decisión fue exclusivamente pedagógico. En dicho jardín crecían plantas tóxicas y alucinógenas como opio, cannabis y *Atropa belladona* y otras de aplicación medicinal como ricino (rezno), caléndula y ruda, además de otro grupo heterogéneo de plantas como la hierba loca (beleño negro, también conocida como tabaco borde) las cuales utilizaba para instruir con más solvencia y realismo a su alumnado.

A mediados de los años 20 de ese siglo, las obras iniciadas para la construcción de una de las arterias (actual Gran Vía de Don Santiago Ramón y Cajal) más importantes de la ciudad, se llevaron por delante todos los vegetales plantados en el jardín, del que actualmente solo quedan piedras junto a algún grupo de vistosas hierbas, de reciente implantación, que decoran parcialmente el terreno sin olvidar a la *incombustible* placa de mármol que vivió tiempos mejores. Gracias a la presencia de esta placa podemos realizar una reflexión sobre la evolución de las técnicas didácticas utilizadas en la formación de los futuros médicos de aquella época hasta la actualidad y hacerla extensiva al resto de titulaciones académicas.

Farmacia Guinart (Barcelona)

Identificación del LSD

Mientras no hayamos abierto todavía la puerta de la última cámara,
no reinaremos como dueños de la casa

Arthur Heffter

Este producto semisintético forma parte del grupo de sustancias que se han descubierto cuando, en realidad, se buscaban otras. El químico suizo Albert Hoffman sintetizó por primera vez, en 1938, el LSD (dietilamida de ácido lisérgico), mientras investigaba en su laboratorio de la empresa Sandoz de Suiza, intentando obtener –parece ser– un fármaco para combatir los dolores de cabeza (cefalalgia) a partir de los derivados de los alcaloides (sustancias químicas nitrogenadas de origen vegetal) del cornezuelo de centeno y se encontró con un polvo blanco e inodoro que también se puede presentar como un líquido incoloro del que, mientras manipulaba unas muestras en 1943, ingirió accidentalmente, una pequeña dosis que le ocasionó durante unas horas cierta alteración mental.

El consumo de LSD se puso de moda en los

Los Polares y su versión de L.S.D. de The Pretty Things
(Munster Records, 2014 Distrolux SL)

años 60, alcanzando gran difusión entre la comunidad hippy. Según se dijo por entonces, los Beatles homenajearon al LSD en su álbum «Sgt. Pepper's» con la canción *Lucy in the Sky with Diamonds*, dado que sus iniciales coinciden con las del alucinógeno. Grupos musicales hablaron de este psicodélico en sus composiciones como los londinenses The Pretty Things (L.S.D.) y también conjuntos españoles como Los Polares que, en 1966, publicaron la canción *La droga* (versión del L.S.D. citado pero con el nombre cambiado para sortear a la censura y la letra adaptada a la normativa entonces vigente, poco que ver con el mensaje original en inglés). Las menciones musicales españolas al LSD no acabaron aquí, ya que, por ejemplo, años más tarde (1979), el grupo Leño en su canción *El tren* incluía una discreta referencia a la psicodélica sustancia.

Con el consumo de este psicodisléptico (sustancia que modifica la actividad mental normal) se buscan sensaciones placenteras: euforia, prodigalidad de ideas, desinhibición, sensación de poder, liberación con el entorno...

Este alucinógeno, que no crea dependencia física ni tolerancia, presenta como efectos secundarios, taquicardia, sudoración, temblores, etc. En caso de consumo excesivo aparecen brotes depresivos, sensación de terror y de pánico y también –frecuentemente– deseos e intentos de suicidio.

Objetivos:

En esta práctica intentaremos determinar la presencia o no de LSD en una sustancia sospechosa de tenerla.

Material:

- Gradilla, tubos de ensayo, cápsula de porcelana, sistema de filtro, espátula, pinzas, mechero de laboratorio y varilla.
- Ácido tartárico al 10% y reactivo de Mandelin (Karl Mandelin, farmacéutico alemán,1854-1906).

Método:

1. Se tritura cuidadosamente la muestra hasta pulverizarla.
2. Extraer la sustancia investigada con una solución de ácido tartárico al 10%, filtrar y recoger el líquido, una gota del mismo la introducimos en un tubo de ensayo.
3. Calentar con suavidad y las debidas precauciones el tubo de ensayo, se añade reactivo de Mandelin, cuyo volumen tiene que ser cuatro veces mayor que el volumen de la muestra que tenemos en el tubo de ensayo.
4. La aparición de color naranja-verdoso, indicará la presencia de LSD en la muestra.

TÉCNICAS INMUNOANALÍTICAS PARA LA DETECCIÓN DE DROGAS

Vamos a insistir en algunos conceptos anteriormente reseñados.

Anticuerpo (Ac): sustancia producida por el organismo como respuesta del sistema inmunitario ante la presencia de un antígeno y así evitar infecciones.

Antígeno (Ag): sustancia ajena al organismo susceptible de estimular el sistema inmunitario. Cuando penetran en el cuerpo humano moléculas extrañas (antígenos), el cuerpo humano produce anticuerpos para neutralizarlas.

El anticuerpo puede atacar al antígeno ya que tiene una estructura tridimensional adecuada para enlazarse con el antígeno, para que este no pueda dificultar las funciones normales.

Trazadores radiactivos: son sustancias químicas que contienen átomos radiactivos de la misma constitución y actitud química que los compuestos que tiene que explorar o reconocer. Un organismo vivo maneja al trazador de la misma forma que lo hace con un compuesto normal, pero los átomos radiactivos permiten seguir el itinerario del compuesto a través del sistema.

El primer trazador conocido fue I-128 (yodo-128) que no fue bien aceptado por su corta vida media. Más tarde, en 1938, Joseph Hamilton y Mayo Soley, valiéndose del ciclotrón (acelerador de partículas creado por el químico nuclear estadounidense Ernest Lawrence en 1932), introdujeron el trazador I-131, de vida media bastante más larga que la del anterior y –además– muy adaptable.

Los trazadores radiactivos desde su iniciación, comenzaron a ser experimentados y después utilizados en el diagnóstico y tratamiento de enfermedades (hipertiroidismo fue una de las pioneras) dando origen a la terapia que sería conocida como Medicina Nuclear, cuyo primer centro de aplicación fue establecido por el médico estadounidense Saul Hertz en Massachusetts en 1949.

El radioinmunoanálisis (RIA) o radioinmunoensayo es una técnica de detección de drogas basada en reacciones análogas al antígeno-anticuerpo propias de cada estupefaciente, esto es, métodos radiológicos (isótopos radiactivos) basados en formación especifica de los complejos Ag-Ac lo que les hace idóneos para la investigación analítica.

DETECCIÓN DE LSD (DIETILAMIDA DE ÁCIDO LISÉRGICO)

Vamos a investigar una muestra sospechosa de contener LSD:

1. Tomamos una cantidad determinada de LSD marcada con un radioisótopo o radionúclido (en este caso utilizamos como trazador radiactivo al yodo radiactivo, I-131, **radioyodo**, cuya radiación se puede localizar en un dispositivo (registrador de datos) adecuado, que evalúa la radiactividad (radiometrías). El LSD radiactivo conserva su facultad de unirse a un anticuerpo.

2. Cuando el yodo radiactivo se mezcla con el LSD, las moléculas de droga resultan marcadas con el yodo radiactivo.

3. Mezclamos la muestra de antígeno investigado (LSD) con el LSD del apartado anterior, ambos LSD constituyen dos tipos de antígenos.

4. En un soporte adecuado se deposita un anticuerpo que permanecerá allí emplazado para que los dos antígenos puedan unirse al anticuerpo ya que tanto el LSD radiactivo como el LSD no marcado están en las mismas condiciones de unirse al anticuerpo (Ac). Si en dicho soporte solo se ve LSD radiactivo, indicará que la muestra investigada no contiene LSD.

   Las técnicas de inmunoanálisis implican la utilización de material marcado para medir la concentración de antígeno y anticuerpo. Hay que tener cuidado en la selección del anticuerpo para la correcta detección de la sustancia (analito) investigada.

5. Después de la reacción de los dos LSD con los anticuerpos hay que deshacerse de los antígenos sobrantes para que no interfieran en el apartado 6.

6. En el caso de que exista LSD en la muestra investigada, establecer la proporción entre anticuerpos marcados y anticuerpos no marcados.

7. En esta experiencia es conocida la cantidad de LSD marcado radiactivo pero no sabemos la cantidad de LSD que hay en la muestra investigada, lo que sí sabremos es que cuanto más porcentaje radiactivo hay al terminar la técnica inmunoanalítica utilizada menos cantidad de LSD habrá en la sustancia sospechosa investigada.

8. Este método de detección (RIA) presenta el inconveniente que supone la utilización de material radiactivo, razón por la que está siendo desplazado por otra técnica de identificación de antígenos y gérmenes causantes de enfermedades, conocida como *ensayo por inmunoabsorción ligado a enzimas (ELISA)*, en la cual se mide la unión Ag-Ac por colorimetrías, mientras que en el RIA es por radiometrías ya que ELISA utiliza un método colorimétrico enzimático para detectar un compuesto en una muestra.

   (Ver ANÁLISIS QUÍMICO: INTRODUCCIÓN)

Hay tres efectos secundarios del ácido: una mejor memoria a largo plazo, disminución de la memoria a corto plazo y no recuerdo el tercero.

Timothy Leary, psicólogo, precursor en la exploración de sustancias psicodélicas y viajes psiconáuticos con carismáticos pasajeros.

Nota: Esta práctica se incluye solo con carácter informativo.

Identificación
de MDMA/éxtasis

Un poco de veneno ahora y luego eso suscita placenteros sueños.
Y mucho veneno al final para una muerte agradable.

Friedrich Nietzsche

La MDMA (3,4 metilendioximetanfetamina) –sintetizada en los laboratorios Merck (1912) y patentada en 1914– es una variante metoxilada de la anfetamina que, a la vez que otras sustancias psicoactivas análogas, fue promocionada a principios del siglo pasado dado el probable interés consumista que podrían despertar, pero que, en este caso, su posible aplicación como anorexígeno (sustancia inhibidora del apetito y, por lo tanto, indicada para hacer perder peso) no prosperó lo que presumían sus avalistas ya que al principio no acababan de encontrarle aplicación médica alguna.

En los años 60, en los ambientes contestatarios de New York y San Francisco se consumía la MDMA como droga psicodélica, pero, en general, pasó desapercibida hasta que ya a mediados de los 70, el químico y farmacéutico A. Shulgin, estadounidense (Berkeley) aunque de origen ruso, popularizó, primeramente entre amigos y conocidos, y después a nivel más general, el uso del éxtasis, dada la euforia, bienestar y energía que su prescripción producía en tratamientos de depresión y estrés postraumático. (Ver Química Psicodélica).

Ya en la década de los 80 fue cuando el consumo de esta droga con el nombre de éxtasis, XTC o la 'droga del amor' que, afirmaban producía *diversión sin límites*, se puso de moda en las discotecas de música House y Makina de Londres e Ibiza, en las fiestas "raves" californianas y, un poco más tarde, también en el este de España, en la llamada *ruta del Bakalao,* un grupo de discotecas situadas en el área metropolitana de Valencia (carretera del Saler, durante los fines de semana) donde se solía pinchar este tipo de música y donde se consumían diversos tipos de drogas que se conocían como Popeye (alusión al personaje de dibujos animados), Fido Dido… para poder superar las interminables sesiones de música, luz y sonido. La irrupción de las drogas de diseño, supuso el desplazamiento de otras drogas, como la heroína, cuyo consumo quedó limitado a grupos más reducidos.

Pasado el tiempo, volvieron las fiestas «raves» a España, sobre todo en Nochevieja, como la celebrada en la localidad La Peza de Granada a finales del 2022, de varios días de duración, y con miles de asistentes y algún detenido por tráfico de drogas.

Euforia, insomnio, inapetencia, alucinaciones, estado emocional positivo muy adecuado para la fiesta son los efectos que hicieron tan popular a la MDMA, a los que hay que añadir los riesgos que para la salud conlleva su consumo continuado: hipertermia (golpe de calor), insuficiencias hepáticas, accidentes cerebro-vasculares, irritabilidad, deshidratación, etc. Estos efectos adversos han alertado a los habituales a su trasiego sobre el peligro que conlleva el coqueteo con este tipo de estimulantes.

Jim Morrison pionero, junto a Grace Slick
y Jerry García, del rock psicodélico
(Foto: Wendell Hamick, 1971 Elektra, Hispavox)
L.A. Woman (L.P.)

La **serotonina** es una sustancia química que actúa como neurotransmisor, el cual se localiza en el cerebro, plaquetas sanguíneas y en las neuronas del sistema nervioso central. Su función consiste en la regulación del estado de ánimo, emociones, sentimientos, etc. Cuando se vive un estado de felicidad o enamoramiento la concentración de serotonina aumenta ostensiblemente, concentración que disminuye coincidiendo con el descenso de estas sensaciones.

El consumo de MDMA (éxtasis) supone una desordenada liberación de serotonina con la consiguiente y provisional sensación satisfactoria en el estado de ánimo. Esta exagerada liberación del citado neurotransmisor ataca al cerebro ya que al perder su concentración habitual de serotonina queda desprovisto de la misma, con el riesgo de padecer efectos psicológicos negativos, que pueden durar cierto tiempo y cuya vigencia depende de la insistencia en el consumo de esta droga.

Objetivos:

Investigación de la presencia de éxtasis en la sustancia objeto de estudio.

Material:

- Gradilla con tubos de ensayo, raspador (este instrumento está formado por una pieza metálica de superficie rugosa o borde afilado), pipeta o cuentagotas y cronómetro.
- Reactivo de Marquis, reactivo de Mecke.

Método:

1. Limar con un raspador una pequeña muestra de la sustancia investigada que introduciremos en un tubo de ensayo.
2. Derramar cuidadosamente una gota de reactivo Marquis.
3. Entre 0 y 5 segundos aparece color de morado a negro (puede tener un tinte púrpura oscuro).
   Pasados 60 segundos el color ya no interesa.

Nota: el test de Mecke se utiliza para distinguir el MDMA del dextrometorfano (utilizado como analgésico y en psiquiatría) ya que el reactivo Marquis no diferencia ambas sustancias, por lo que hay que realizar la prueba de Mecke (una gota) para confirmar la presencia de MDMA (color verde oscuro).

CHEMSEX

Con este nombre se conoce a una corriente sociológica que fomenta el consumo de sustancias psicoactivas y actividades sexuales en grupo potenciadas por estos estupefacientes. Las sustancias preferidas suelen ser ketamina, metanfetamina (la más utilizada por este colectivo que en su argot la conocen como *tina*), mefedrona y ácido oxíbico (GHB o éxtasis líquido, cuyo consumo se inicia con sensaciones de euforia y bienestar para derivar en acusada depresión del sistema nervioso central) aunque también se usan cocaína, MDMA, estimulante diferente al GHB, etc. La expresión *chemsex* viene de la contracción de las palabras inglesas *chemist* y *sex.* Esta actividad, surgida en Estados Unidos en 2010, preconiza la práctica en grupos de sexo con alucinógenos y estimulantes en largas sesiones, que pueden llegar a durar varios días, siendo la desinhibición y euforia los argumentos para el consumo de este tipo de tóxicos. Por razones obvias, los comprimidos azules del citrato de sildenafilo (Viagra) no tardaron en figurar en los pastilleros de los participantes en ese tipo de veladas.

El popper, nombre genérico de algunos nitritos de alquilo (nitrito de amilo, nitrito de isobutilo, etc.) se empezó a consumir por los jóvenes de la década de los 70 para 'colocarse' antes de iniciar experiencias sexuales con objeto de estimularlas y también, por las agradables sensaciones que producen. Esta droga se puede incluir en el clan de sustancias del grupo anterior.

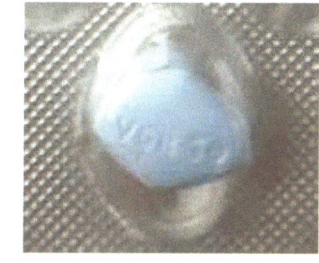

Pfizer

SUMISIÓN QUÍMICA

Ingestión por una persona, sin su consentimiento, de alguna sustancia como las benzodiazepinas, BZD (diazepam, lorazepam, etc.), ketamina, fentanilo, etc., que producen efectos psicoactivos (somnolencia, alucinaciones, etc.) con el fin de alterar sus facultades de reconocimiento de la realidad del entorno y relacionarse con ella (sedación mental) con la posible modificación de sus actos y reflexiones.

Este método de abuso sexual está prosperando últimamente en España, lo que ha implicado la introducción de protocolos y medidas de valoración médica y legal de este nuevo y preocupante fenómeno.

En la actualidad ya empiezan a aparecer guías informativas para jóvenes y adolescentes apercibiéndoles del nuevo peligro que conlleva el consumo de drogas y otras sustancias químicas.

También se aplica otro sistema de anulación de la consciencia a otro tipo de víctimas: personas mayores a las que la administración de ciertas sustancias, como la burundanga (escopolamina) muy conocida en América Latina (Perú, Venezuela, Bolivia, Colombia, etc.) que inhabilita la voluntad de las personas, para así desposeerlas de sus pertenencias.

En resumen, se define Sumisión Química a la administración de sustancias químicas psicoactivas a una persona, sin su consentimiento, con objetivos punibles.

Este tipo de delitos supone un nuevo campo de investigación para la ciencia forense, puesto que la detección de estas sustancias en los fluidos y secreciones fisiológicas es complicada ya que, dado que algunas de estas sustancias tienen poco tiempo de duración y, además, con la amnesia que le ocasionan a la víctima, cuando se presenta la denuncia, el sedante ingerido –posiblemente– ya ha sido eliminado por el sistema excretor.

La sumisión química tampoco es un fenómeno reciente ya que en otras épocas, se aplicó a personas, sobre todo jóvenes que por diversas circunstancias coyunturales, se vieron sometidos a persistente abstinencia sexual con el consiguiente daño físico y psíquico.

Algunos bromuros (KBr y NaBr, etc.), sedantes nerviosos que han sido utilizados, en otros tiempos, para disminuir la excitabilidad sexual y cuyo efecto se manifiesta en la acción de estos compuestos sobre la corteza cerebral para aminorar y moderar la fuerza de la naturaleza propia de la juventud. La utilización de este tipo de sedantes sexuales fue, tiempo ha, muy discutida y desaconsejada por los sexólogos.

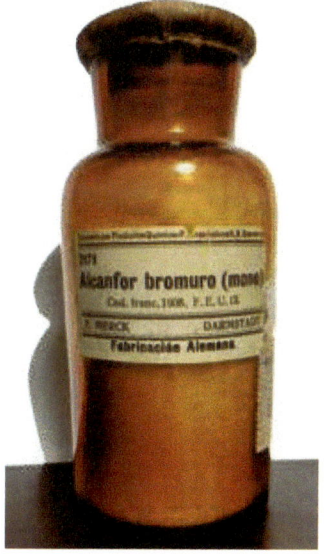

E. Merck

Los profesores Fournol y Heiser de la Facultad de Medicina de París, en 1935, definían así al bromuro de alcanfor: *el alcanfor monobromurado es una sal que se presenta en hermosos prismas blancos que hace descender la temperatura y posee propiedades tranquilizantes e hipnóticas, sin producir trastornos digestivos. Su acción está indicada, entre otras afecciones en: insomnio, epilepsia, tos nerviosa, priapismo (estado particular de erección), excitaciones genésicas y neurosis en general.*

Narcotest

Venga, alégrame el día

Harry el Sucio

Objetivos:

Método analítico que permite detectar en unas gotas de saliva, y de forma rápida y concisa, la ingesta de sustancias ilegales (anfetaminas, cannabis, cocaína, cocaína rosa, etc.). Los narcotest suele ser utilizados por las fuerzas de seguridad de aeropuertos, estaciones, autopistas, etc., para investigar personas o materiales que puedan inducir a sospecha. El TC (tribunal constitucional) avaló los narcotest de Tráfico sin significar cuando se consumieran las drogas, con objetivo de respaldar la seguridad vial.

Material:

–   Kit narcotest.

Método:

1. A la persona investigada se le facilita un kit sellado, que abrirá separando el tapón de control del mismo.
2. A continuación, el investigado extrae el hisopo (bastoncillo terminado en dos puntas de algodón que se utiliza en Medicina para recoger muestras y su posterior estudio e identificación).
3. Se introduce el bastoncillo en la boca chequeando, repetidamente, en encías, interior de mejillas, y lengua.
4. Se mantiene el hisopo dentro de la boca cerrada y cuando el indicador cambie de color, entonces el bastoncillo se sumerge en un dispositivo (drug test) que en unos minutos informará de su rastreo.

   Nota: en aduanas y en los puestos de control, la inspección antidroga suele utilizar un kit (bolsita con reactivos identificadores que reaccionan con una muestra de la sustancia investigada) para ratificar la resolución del detector de narcóticos.

Cuestiones:

Buscar y comentar información sobre este tipo de narcoanálisis.

*Cuando una persona está en las drogas
es más difícil encontrar esperanza*

John Lennon

Xanax es un específico para el sistema nervioso central encuadrado en el grupo de medicamentos denominados **benzodiazepinas** que se suele recetar para el tratamiento de episodios de ansiedad extendida, moderando la sensación de angustia y los trastornos ocasionados por el estado de ánimo. Desde hace algún tiempo, su consumo ilegal como droga recreativa se ha propagado, especialmente por UK y USA, potenciados por ciertos estilos musicales –raperos como Eminen y Drake y, también, hip hop como Lindsay Lohan– cuyas canciones hacen apología de este tipo de tranquilizantes.

En Estados Unidos, Xanax es uno de los sedantes más expendidos, pero el problema es su consumo por los jóvenes sin control ni razón, debido a la facilidad de conseguirlo sin salir de casa.

El Xanax (Alprazolam) tiene propiedades ansiolíticas y sedantes pero su consumo desordenado o mezclado con alcohol u otros estupefacientes puede ocasionar alteraciones en la salud, incluso la muerte como le ocurrió al rapero Lil Peep fallecido a los 21 años por dosis excesiva de este fármaco.

El cloretilo (cloruro de etilo), C_2H_5Cl, es un anestésico de acción local que utilizan los deportistas para alivio rápido de sus dolencias y lesiones profesionales, pero también hay ciudades en que grupos de jóvenes, sobre todo adolescentes, utilizan el citado spray –de fácil y barato logro– para inhalaciones por la boca con un trapo impregnado de anestésico, que producen euforias, excitaciones y alucinaciones pero que, su consumo inadecuado puede ocasionar efectos secundarios nada halagüeños como arritmias, convulsiones, asfixia e incluso la muerte en los episodios más graves.

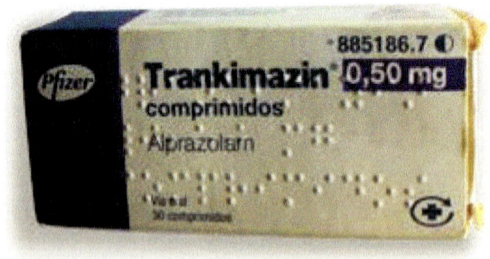

Pfizer

Purple drank (Lean), con estos nombres se conoce en ciertos contextos sociales a la codeína, alcaloide opiáceo que se puede aislar de la amapola y que aminora la actividad cerebral que produce la tos. En los años 60 comenzó a popularizarse en el sur de EEUU una bebida que producía relajamiento, euforia...y en cantidad considerable, delirio, alucinaciones, trastornos renales y hepáticos e incluso la muerte. El mejunje en cuestión es una mezcla de codeína con prometazina, refresco y endulzante. En los años 90 los cantantes de hip hop y raperos volvieron a ponerla de moda y, actualmente, parece que se está empezando a introducir en algunas fiestas y celebraciones en España con el consiguiente riesgo para la salud.

Investigación del crimen: El método científico

En principio, la investigación necesita más cabezas que medios

Severo Ochoa

Ejemplo:

1. **Observación y planteamiento del problema:** En una fría noche del otoño –primeras décadas del siglo pasado – algunos noctámbulos que se retiraban apresuradamente a sus domicilios, se toparon cerca de un edificio de la administración pública con el cadáver tiroteado del vigilante nocturno del mismo.

2-3. **Hipótesis a):** En aquellos agitados años, los asaltos e intentos de extorsión a negociados públicos reivindicando mejoras y derechos laborales no eran muy infrecuentes.
   Experimentación a): El interior del edificio estaba todo en orden y no se encontró ningún objeto dañino o paquete sospechoso de explosivo o combustión.

   Hipótesis b): Intento de robo.
   Experimentación b): Esta vía de investigación también fue obviada ya que no se comprobó que hubiera vestigio alguno de rotura o manipulación de ventanas y, además, la puerta exterior estaba cerrada y el muerto en la acera.

   Hipótesis c): Posible venganza del entorno familiar o social del fallecido.
   Experimentación c): Una vez realizadas las correspondientes pesquisas, también tuvo que ser desechada.

   Hipótesis d): Se investigó a los noctámbulos que denunciaron el hecho y también a vecinos y otros individuos que hubiesen circulado por dicha calle la noche de autos.
   Experimentación d): Todos los investigados salieron airosos de su involucración policial.

   Hipótesis e): Investigación del arma del crimen.
   Experimentación e): Después de un exhaustivo y laborioso cribado se consiguió localizar el arma utilizada en el crimen y que resultó pertenecer a un vecino que vivía no muy lejos de donde apareció exánime el cuerpo del agente de seguridad agredido.

4. **Análisis de los resultados, conclusiones:** Aunque no hubo información oficial de la resolución de las investigaciones, se comentó que la razón del violento suceso fue que el homicida –el cual trabajaba temporalmente en otra población– adelantó inesperadamente su vuelta a casa, donde sorprendió al vigilante de seguridad con su esposa. Pertrechado con su arma de fuego, conminó al vigilante a que bajara a la calle, donde le disparó.

Conclusiones:

El sexo puede afectar severamente a su salud, es una de las posibles conclusiones que se puede extraer de la resolución del caso.

Actividades:

Aplica el método científico como estrategia correspondiente para resolver algún hecho histórico o imaginario que se adapte al tema tratado.

Investigación del crimen: Luminol

Señorita, tiene usted una hermosa calavera

Salvador Dalí a una parisina

La actual utilización de insectos practicada por los forenses en la resolución de homicidios no es una praxis reciente ya que, parece ser, la investigación del crimen introduciendo el método científico se inició –teniendo en cuenta ciertos informes históricos– en un pueblecito chino a principios del siglo XIII. El dignatario encargado de resolver un sangriento homicidio decretó que todos los vecinos se agruparan ordenadamente en la plaza del pueblo, junto a su segadora (hoz, cuchilla metálica en forma de media luna) que utilizaban en sus faenas agrícolas. Cuando los insectos, en una soleada mañana, se apiñaron en torno a una de ellas, el regidor determinó que el dueño de la misma era el culpable, ya que los mosquitos delataron –al amontonarse sobre las prácticamente invisibles gotas de sangre de la herramienta utilizada en el crimen– al autor del asesinato.

En España, la Medicina Legal ya se estableció en la Edad Media como se puede verificar en *Las siete Partidas o Libro de las leyes* (obra jurídica de Alfonso X el Sabio, siglo XIII), aunque en realidad, en algunos países, esta disciplina ya era preceptiva varios siglos antes de nuestra Era.

En estos temas de investigación criminal que desarrollaremos siguiendo el esquema habitual del texto, nos percataremos –aunque muy sucintamente– que, desde aquel entonces hasta hoy, los avances científicos y tecnológicos no han hecho más que progresar. La ciencia forense aplicada al crimen no ha dejado indiferente a la sociedad de nuestros días –tan asqueada como fascinada– como se puede comprobar ateniéndonos al éxito de libros, cursos, películas, programas, revistas y series de los diversos medios de comunicación que tratan del tema.

La **Química forense** aplicada a la resolución de un crimen investiga los compuestos y elementos orgánicos e inorgánicos localizados en el entorno del mismo en forma de cigarrillos, líquidos, pigmentos, vestigios de muebles y objetos decorativos, prendas, residuos de todo tipo, elementos traza de explosivos, sangre, etc que colaboran en la conclusión científica del crimen.

El material obtenido se identifica y una vez analizado se interpretan los datos con los que se redacta un informe que se deriva a letrados y judicatura.

Objetivos:

Investigación de un asesinato producido con arma blanca en una pradera cerca de una carretera, donde apareció el cuerpo discretamente oculto de una mujer que presentaba huellas de varias cuchilladas.

La policía interrogó a un sospechoso que declaró que hacía 30 días que no había visto a la víctima, afirmación que hizo desconfiar a los agentes ya que el informe entomológico forense indicaba que el fallecimiento se había producido entre 33-35 días antes. Los policías, recelosos, se presentaron en su domicilio y observaron que la casa estaba ampulosamente limpia.

Material:

- Luminol ($C_8H_7N_3O_2$) en solución de peróxido de hidrógeno (H_2O_2). El luminol es un sólido azul-verdoso derivado del ácido ftálico y que se utiliza para detectar la presencia de sangre lavada.

Método:

Los agentes esparcieron un spray por toda la casa, apareciendo en una habitación en penumbra el contorno azulado de un cuerpo humano durante el tiempo suficiente (sobre medio minuto) para que, en condiciones adecuadas, se pueda fotografiar y guardar como documento de identificación.

La utilización de quimioluminiscencia (así se denomina la emisión de luz en una reacción química) en ciencia forense no es reciente: las primeras experiencias datan de 1928 cuando H.O. Albrecht consiguió la luminiscencia en una disolución alcalina de peróxido de hidrógeno, pero fue en 1937 cuando el forense Walter Specht aplicó, por primera vez, estas experiencias en la investigación del crimen.

Leucoverde malaquita: Agente detector que presenta coloración verde al interaccionar con la sangre.

Método de Kastle-Meyer: Clásica prueba preliminar de determinación de la presencia de sangre en la muestra: Se recoge la muestra con un hisopo (bastoncillo que termina en dos puntas de algodón y que se utiliza para recoger muestras para su investigación):

1. Se añade una gota de fenolftaleína a la muestra.
2. Se espera unos segundos y se añade una gota de peróxido de hidrógeno (H_2O_2) al hisopo. La presta aparición de color rosa implicará la posible presencia de sangre en la muestra que se deberá confirmar con otra prueba distinta (contraanálisis).

Cuestiones:

La policía científica acudió al domicilio del sospechoso de homicidio ya que se presumía que en su apartamento había tenido lugar el asesinato de una joven, cuyo cadáver apareció semienterrado entre unos arbustos. Como era de esperar, la vivienda no presentaba detalles anómalos, por lo que los agentes procedieron a desarrollar el protocolo profesional explicado anteriormente. Sorprendentemente, los investigadores no observaron detalle alguno que pudiera implicar al dueño de la casa en el crimen perpetrado en la misma, por lo que se desvanecía, en un principio, la posibilidad de culpar al homicida.

Intenta explicar la metodología utilizada por el asesino, que le sirvió para ralentizar el normal avance de las investigaciones policiales.

Radar de penetración de suelos (GPR): Método geofísico para analizar el hormigón y el suelo aplicando ondas de radio en un rango de frecuencia determinado para investigar la estructura del terreno sondeado. El GPR (Ground Penetrating Radar) tiene variadas aplicaciones, entre ellas las forenses como, por ejemplo, indagar la situación de una sepultura oculta, cuando se está investigando el posible asesinato de una persona desaparecida o, también, la localización de un objeto ilegalmente enterrado en el suelo. El GPR no garantiza con precisión la situación de un cadáver oculto bajo tierra, pero si puede informar sobre alteraciones ocasionadas en el subsuelo que pueden agilizar la localización de cuerpos, enseres u otros materiales que pueden ser útiles en la resolución del caso

Kathy Augustine, conocida política americana, sirvió en la Asamblea de Nevada y, también, en el Senado de este estado. Fue la primera mujer de Nevada controlador de estado desde 1999 hasta su muerte en 2006.

Una mañana, el marido de la política llamó a emergencias sanitarias informando que su esposa se encontraba inconsciente, falleciendo tres días después sin recuperar el conocimiento. Aunque la autopsia notificó que no había datos suficientes para declarar que la muerte no había sido ocasionada por causas naturales, la sospechosa actitud del marido, antes y después de la muerte de la política y la localización de un orificio producido por una jeringuilla en una segunda auptosia del cadáver, motivó que se abriera una investigación que confirmó –gracias a las muestras de sangre y orina que dos enfermeras del hospital congelaron en prevención de posibles requerimientos forenses– que la causa del deceso fue la inyección de succinilcolina que le inoculó el cónyuge mientras ella dormía.

Succinilcolina, también conocido como cloruro de suxametonio o, más brevemente suxi, se trata de una sustancia química que médicamente se utiliza como anestesia (bloqueador neuromuscular) y –sobre todo– para agilizar y favorecer el proceso de intubación (colocación de un plástico flexible –respirador– en la tráquea para mantener una vía aérea abierta facilitando así la ventilación mecánica.

Adipocira (cera cadavérica)

Se trata de una sustancia blanquecina o levemente amarillenta, pegajosa y grasienta que se forma en el tejido de los cadáveres, a partir de un mes del trascurso del deceso. La aparición de la misma se agiliza en ambientes húmedos. Al aparecer la adipocira se forma como un molde o recipiente de tejidos y ciertos órganos, coincidiendo con la ralentización de la putrefacción.

La adipocira o cera (grasa) cadavérica se utiliza en ciencia forense para determinar el intervalo post morten pero teniendo en cuenta que su fiabilidad se ve condicionada por las condiciones climáticas y ambientales del lugar donde fue depositado el cadáver.

Investigación del crimen: Cianuros

¿Puedo ofrecerles algo?
¿Una copita de cianuro?
El juego del Ángel **Carlos Ruiz Zafón**

La cámara de gas sustituyó a otros medios de ejecución al ser considerada como una forma más digna y más humana que los otros métodos (silla eléctrica, etc.) hasta entonces utilizados. En el interior del recinto se sentaba el condenado que, con más o menos aplomo, escuchaba el chasquido que los 482 gramos de cianuro de sodio en forma de bolitas producen al deslizarse sobre los 2.438 gramos reglados de ácido sulfúrico contenidos en un recipiente estratégicamente colocado. La reacción química correspondiente desprende gas de cianuro de hidrógeno que al ser respirado produce la muerte en unos minutos. Uno de los ejecutados por este sistema más carismático fue Caryl Chessman (1921-1960) que se pasó 12 años en el *corredor de la muerte* en la prisión de San Quentin (California), tiempo que aprovechó para estudiar Derecho y escribir cuatro libros que utilizó para su autodefensa, consiguiendo diversos aplazamientos de su ejecución, aunque, al final, no logró evitarla.

El ácido cianhídrico (HCN) es un líquido incoloro, muy venenoso, lo mismo que los demás cianuros simples. Una dosis de 50 mg de HCN puede ser suficiente para ocasionar la muerte a una persona.

Estos compuestos tienen que estar bien resguardados y trabajar con ellos tomando las debidas precauciones ya que el ion cianuro (CN^-) al unirse al ion Fe^{3+} en el grupo hemo del citocromo *a*, a_3 bloquea la reacción final de la cadena respiratoria con el oxígeno, ocasionando la muerte a consecuencia de la necrosis masiva de células del sistema nervioso central.

Aunque el cianuro no es un veneno muy usado en los asesinatos, dado que su temprano efecto y característico olor a almendras amargas agiliza la resolución del crimen, los cianuros, junto con el arsénico, han sido los venenos más conocidos y utilizados en las obras literarias que después han sido llevadas al teatro y cine como *El cianuro... ¿solo o con leche?* (Juan José Alonso Millán), *Cianuro espumoso* (Agatha Christie), *Cin Cin Cianuro* film de Gordon Mitchel (1968), *Arsénico por compasión* película de Frank Capra, *Arsénico, señor comisario* de Claude Boissol, etc.

En el área metropolitana de Chicago (1982), siete personas fallecieron después de ingerir cápsulas de Tylenol Extra Strength (dolor moderado, resfriados, fiebre, etc.). La causa de su muerte (colapso cardiovascular) fulminante fue que una persona o grupo de personas –que nunca fueron identificados ya que el múltiple asesinato no pudo ser aclarado– había distribuido cápsulas conteniendo cianuro de potasio en envases del citado analgésico. A partir de entonces los recipientes de medicamentos vienen protegidos para evitar manipulaciones.

El cianuro, alguna vez no ha estado muy acertado en su mortal cometido, como ocurrió –parece ser– con Grigori Rasputin, especialista en procurarse enemigos, un grupo de los cuales organizó una fiesta en la que el "monje loco" se atiborró de vino y pasteles, convenientemente «edulcorados» con cianuro, mientras que el único síntoma que le ocasionó la particular merienda es –posiblemente influenciado por los efluvios del vino– el recital de canciones clásicas rusas con el que 'obsequió' a sus anfitriones, por lo que los organizadores del ágape se afanaron en utilizar otros métodos más expeditivos para deshacerse del controvertido personaje en 1916.

Tampoco estuvo muy atinado el mortífero bebedizo de cianuro con el grupo serbio-bosnio protagonista del atentado al archiduque Francisco Fernando de Austria en 1914. Como es sabido, alguno de los integrantes del comando perteneciente a la organización Joven Bosnia, al verse acorralado, ingirió cianuro sin que pudiera conseguir su letal objetivo.

La caducidad de un veneno depende del tipo de tóxico al que pertenece. La interpretación científica de la inhibición del cianuro en los casos citados no está muy clara. Una sustancia tóxica puede perder o ganar aptitud nociva pasado el tiempo, pero esto puede deberse a la composición del tóxico y también a las peculiaridades del organismo que lo ingiere. Además, según recientes investigaciones, la disminución de aptitud nociva del tóxico es demasiado ralentizada, lo que complica la veracidad de la hipótesis de caducidad del cianuro en los sucesos anteriormente comentados.

Igualmente puede depender de las condiciones en que se guarda el veneno que, si no son las adecuadas, el principio activo del mismo ya no se mostrará tan activo.

En el caso de Rasputin, se ha intentado explicarlo suponiendo que su estómago sufría alguna patología que impedía la presencia del ácido clorhídrico suficiente para la producción de ácido cianhídrico (cianuro de hidrógeno), según la reacción:

$$HCl + KCN \longrightarrow HCN + KCl$$

En cuanto a la frustrada intoxicación de Sarajevo, la explicación podría ser alguna disfunción metabólica (vómito) que neutralizara la acción del veneno por el mal estado del cianuro encapsulado.

Objetivos:

Identificación, **con las debidas precauciones**, de cianuros.

Material:

- Vasos de precipitados, tubos de ensayo y cuentagotas.
- Sulfato de hierro (II), cloruro de hierro (III), ácido clorhídrico, cianuro de potasio en solución acuosa.

CIANURO DE POTASIO
Método:

El cianuro de potasio (KCN) es blanco, muy venenoso y no huele si está bien resguardado del aire y humedad en frascos bien cerrados y en lugares seguros. Muy soluble en agua y muy poco en alcohol. Delicuescente (capacidad de un sólido cristalino de absorber vapor de agua).

Dada la extremada peligrosidad de los cianuros, hay que trabajar con mucho cuidado en vitrina de gases adecuada a este tipo de experiencias, gafas, guantes, pantalla facial, indumentaria de protección especial y adoptando todas las correspondientes medidas de protección. La realización de este tipo de prácticas es obligado efectuarlas en laboratorios acreditados o de instituciones oficiales ya reseñados y por profesionales autorizados. Esta práctica se incluye solo con caracter informativo.

1. En una solución acuosa de KCN se añade un cristal de sulfato de hierro (II).
2. A continuación, se agregan dos gotas de solución de cloruro de hierro (III).
3. Se acidula con HCl diluido, aparecerá precipitado de coloración azul oscuro, indicativo de la presencia de KCN.

A mediados de la primera década del siglo XXI, en una ciudad de USA, una conductora que acababa de subir a su coche, llamó a una amiga para comunicarle que desde que había ingerido una pastilla de calcio que le había proporcionado su marido –médico de profesión– se sentía muy mal, de tal forma que los conductores cercanos tuvieron que aparcar el coche de la enferma y trasladarla a un centro sanitario donde falleció al poco tiempo de llegar. Las investigaciones determinaron que en el frasco de calcio que guardaba el esposo de la víctima había nueve cápsulas que habían sido contaminadas con cianuro de potasio, una de las cuales se la suministró a su esposa, con tan letales consecuencias. Durante el juicio se proyectó un video en el que se mostraba un tubo de ensayo con un líquido color azul de Prusia, resultante de la reacción con el cloruro de hierro (III) en las condiciones en los anteriores apartados reseñados y que demostraron que la automovilista había sido envenenada con un compuesto de cianuro.

Instituto Anatómico Forense Bastero Lerga - Zaragoza (1968- 2001)

Inyección letal

En la primavera de 1977 fue introducida en Estados Unidos como sustituta de otros métodos de ejecución como la silla eléctrica, el gas cianuro, etc., convirtiéndose en el método de ejecución más utilizado en los países donde su aplicación es legal.

La inyección letal está formada por los siguientes componentes:

— *Bromuro de pancuronio* ($C_{35}H_{60}Br_2N_2O_4$), relajante muscular utilizado en los quirófanos junto a la anestesia, que viaja por el torrente sanguíneo manipulando el sistema nervioso central impidiendo que los impulsos lleguen al cerebro hasta llegar a paralizar el sistema respiratorio.

— *Pentotal sódico* (tiopental sódico) barbitúrico de acción ultracorta, adormece –inconsciencia– al reo en 10 segundos.

— *Cloruro de potasio*, imposibilita el movimiento cardiaco.

Esta peculiar mezcla se inyecta por vía intravenosa al reo, el cual queda inmovilizado en cinco minutos y a los quince minutos es declarado oficialmente muerto.

Karla Faye Tucker, de vida complicada y autora confesa de doble asesinato, fue ejecutada con inyección letal en la prisión de Huntsville (Texas) en febrero de 1998. Poco antes de morir pidió perdón por el daño causado a sus víctimas.

Algunas empresas farmacéuticas, habituales proveedores a algunos estados de USA de reactivos para la consecución de las letales sustancias antes comentadas, están intentando dificultar el suministro de los mismos, para evitar problemas de tipo ético.

Eutanasia

Este tipo de mezclas de sustancias como la anterior, está programada –normalmente con alguna variante– para la aplicación de la eutanasia, como la mezcla compuesta por midazolam –benzodiacepina– ($C_{18}H_{13}ClFN_3$), bromuro de vecuronio ($C_{34}H_{57}N_2 BrO_4$) y cloruro de potasio.

Investigación del crimen: Ninhidrina

El crimen hace iguales a todos los contaminados por él

Lucano, poeta

La **ninhidrina** (antiguamente, hidrato de tricetohidrindeno) es un compuesto que se utiliza en cromatografía para identificar los aminoácidos visualizando sus bandas de separación por cromatografía o electroforesis. Se emplea en el revelado de huellas dactilares latentes mediante impresiones lofoscópicas sobre el papel. Hace ya tiempo que los especialistas en criminalística la han adoptado para detectar huellas dactilares, dado que en dichas huellas pueden aparecer restos de aminoácidos de proteínas, que al reaccionar con la ninhidrina se observa la formación de crestas papilares que pueden ser decisivas en la resolución de una investigación forense, como sucedió en el desenlace de un misterioso crimen –ocurrido en USA– que fue resuelto identificando los aminoácidos de huellas delatoras de las manos (transpiración de la piel) con partículas de huevo (albúmina) de un cocinero al que confirmaron como autor del homicidio.

Este informe dactilar sobre papel seco, se confronta en la base de datos de huellas.

La ninhidrina, $C_9H_6O_4$, se utiliza también en la reactivación de huellas dactilares sobre documentos, avisos de chantaje, amenazas, papel moneda, facturas, papeles de boicot, etc.

Otro reactivador de datos criminalísticos es el **Negro de Amido**, tinta muy sensible a las proteínas de la sangre, siendo muy efectiva con las manchas descoloridas o prácticamente invisibles de sangre, a las cuales acentúa hacia un color azul negro muy fuerte, tanto en superficies porosas como no porosas. Este colorante se utiliza en investigaciones policiales para detectar sangre en huellas dactilares.

Objetivos:

Investigación de la presencia de proteínas en la albúmina de la clara del huevo, utilizando el mismo método con el que la policía estadunidense resolvió el crimen anteriormente citado.

Material:

- Tubo de ensayo, baño maría, pipeta, sistema de calentamiento.
- Ninhidrina, solución de albúmina de clara de huevo.

Método:

1. Introducir 2,4 mL de la mezcla en un tubo de ensayo.
2. Agregar, con cuidado, 0,5 mL de ninhidrina al 0,1 % a la solución de albúmina, hervir con precaución en un baño de agua (baño maría) y después dejar enfriar durante un cierto tiempo en una cámara húmeda para acelerar el proceso y si aparece una coloración azulada indicará la presencia de proteínas.

    Durante el manejo de la ninhidrina hay que observar las debidas precauciones de protección y ventilación (vitrina de gases).

    Nota: Adquirir la albúmina ya preparada en establecimientos especializados.

Conclusiones:

Investigación del crimen: Arsénico

La historia de un país es también la historia de sus crímenes, de aquellos crímenes que dejaron huella

La huella del crimen **Pedro Costa**

Desde la Época Romana y Edad Media, la técnica de preparación de tóxicos con fines homicidas llegó a ser tan apreciada como para estar incluida entre las llamadas «Bellas Artes». Uno de los venenos más utilizados fue el óxido de arsénico (III), fino polvo blanquecino de fácil adquisición (se vendía como matarratas, pesticida, etc.) e ingestión (sin olor ni sabor, fácil de absorberse por vía digestiva en comidas y bebidas), llegando a ser conocido como el **rey de los venenos.** En aquella época, solo en China se conocían procedimientos para certificar que una persona había sido envenenada con arsénico. En el siglo XIX, el veneno más utilizado fue el arsénico, así en Francia llegó al 75 % de los envenenamientos denunciados por compuestos de este elemento, mientras que en España también fue el veneno que más utilizaron como ocurrió en otros países de su entorno. En Europa tuvieron que esperar a que el escocés James Marsh, en 1836, desarrollara su método de detección de arsénico en las vísceras utilizando un ingenioso procedimiento basado en la disociación por calentamiento de arsenamina (arsina), AsH_3, en arsénico metálico y gas hidrógeno. Este método comenzó a ser utilizado en la resolución de notorios procesos judiciales ya que supuso un considerable avance en el campo de la toxicología legal, puesto que, según ciertas opiniones, su límite de sensibilidad llegaba a los 0,00001 (10^{-5}) gramos de arsénico, mientras que, según K. F. Mohr, la relación en una solución era de una parte de arsénico por 500.000 partes de líquido, aunque la sensibilidad de este método nunca estuvo exenta de polémicas.

Polvo de heredar
(Apelativo francés, siglo XIX)

In dubio pro libertate

A mediados del siglo pasado, en una tranquila y bucólica población agrícola, una acomodada familia con dos hijos adultos contrató a una joven asistenta para que se preocupara de las faenas del hogar. Pasado un cierto tiempo, uno de los cónyuges comenzó a sentirse inesperadamente mal, sometiéndose a un tratamiento facultativo que no evitó el fallecimiento. Lo mismo ocurrió poco después al otro cónyuge y, seguidamente, a uno de los hijos, cuya muerte empezó a suscitar comentarios entre la ciudadanía que sospechaba que algo raro estaba pasando. Ante el cariz que iba adquiriendo el asunto, las autoridades decidieron iniciar investigaciones sobre las extrañas muertes acaecidas y se procedió a la exhumación de los cadáveres de los fallecidos, en uno de los cuales, el interior del cerebro se encontraba en muy avanzado proceso de descomposición, como se comprobó en las autopsias realizadas por los forenses con los que colaboró algún sanitario de la localidad.

Una vez obtenidos los datos y realizadas las gestiones reglamentarias, se inició un proceso judicial contra la empleada de los fallecidos. La vista de la acción legal incoada despertó gran expectación, la cual se avivó cuando el fiscal, al finalizar el apuntamiento, pidió la pena capital para la imputada que, al escucharlo, prorrumpió en llanto, siendo consolada por su abogado, aunque después –parece ser– se eludió dicha demanda sustituyéndola por la de privación de libertad. La investigada fue acusada de comprar productos que contenían sustancias venenosas –arsénico en forma de óxido de arsénico (III), que fue detectado en los análisis realizados en el laboratorio toxicológico comisionado del material aportado por los forenses– en una farmacia de la localidad, aunque el titular de la misma declaró en el juicio que no recordaba esas compras. De todos es sabido que en esa época la adquisición de compuestos de arsénico era muy habitual en forma de matarratas, mata hormigas rojas, etc. El defensor, prestigioso abogado criminólogo, basó su defensa en la poca consistencia de las pruebas, aunque se comentó que el testimonio del farmacéutico influyó en la decisión del tribunal (*ante la duda razonable, inclínate por la buena fe*) de absolver a la acusada, la cual salió en libertad al término del proceso judicial.

Objetivos:

Investigación de un envenenamiento por arsénico.

Método:

1.- Ensayo de James Marsh (Prueba de Marsh)

En un primer intento, Marsh mezcló una muestra sospechosa de contener arsénico con sulfuro de hidrógeno y ácido clorhídrico, pero la prueba con el sulfuro de arsénico (III) obtenido no resultó tan satisfactoria como pensaba, por lo que se decidió a perfeccionar su experimento:

Se hace reaccionar la muestra sospechosa de contener arsénico con ácido sulfúrico diluido (proporción 1:7) y arseniuro de cinc obteniéndose gas arsina (arsenamina o trihidruro de arsénico). Este gas se calienta con una llama y se descompondrá liberando un residuo de color entre plateado y negro.

Esta reacción es la base del innovador ensayo de Marsh para el arsénico, cuyo resumen completo se incluye a continuación:

Un matraz provisto de un tapón bihoradado por el que circulan un tubo de seguridad y otro tubo en ángulo recto por el que saldrá el gas hidrógeno.

a. En el matraz (1) –generador de hidrógeno– con ácido sulfúrico y cinc, el hidrógeno originado sale por el tubo y se deseca al hacerlo pasar por otro tubo horizontal, más ancho (2), que contiene cloruro de calcio; el tubo inicial sale del tubo más grueso. (Ver figura)
b. Después de expulsar todo el aire del aparato, se hace arder el hidrógeno en el borde del tubo (3).

c. Si no hay arsénico no se forma una mancha negra en el tubo de vidrio un poco detrás de la zona de calentamiento (4). Si después de calentar se observa una mancha negra en el tubo de vidrio (5) ligeramente detrás de la llama implicará que la muestra investigada contiene arsénico.

d. Como se debe suponer, el material investigado respecto al arsénico se sumerge por el tubo de seguridad. Si aparece una mancha negra en (4) ligeramente detrás de la llama, entonces implica que hay arsénico.

e. Si el tubo de vidrio no se calienta y se sostiene en la llama (3) una cápsula de porcelana fría esmaltada por fuera, la aparición de una mancha negra en la porcelana indicará la presencia de arsénico o antimonio en el material investigado.

   Si no aparece mancha negra en la parte externa inferior de la cápsula implica que no tiene arsénico, pero en caso positivo indicará la presencia de arsénico o antimonio.

f. Al disolver la mancha en hipoclorito de sodio, NaClO, esta disolución asegurará la presencia de arsénico, la cual también se puede confirmar con H_2O_2 (solución básica de peróxido de hidrógeno) porque, en ambos casos, el antimonio es insoluble y permanece.

El método de Marsh fue utilizado hasta principios del siglo pasado y aunque fue sustituido por otros más avanzados como **Espectroscopia de Absorción Atómica (EAA)** o **Análisis por Activación de Neutrones (NAA)**, no se puede quitar a James Marsh el mérito de haber diseñado el método, que llegó a ser muy utilizado por la ciencia forense a finales del siglo XIX y principios del XX siendo considerado como el método analítico más conocido en la detección del arsénico.

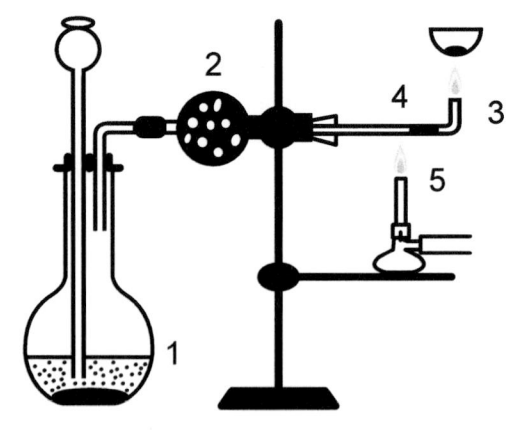

Método de James Marsh para la detección cualitativa del arsénico

2.- Reacción de Bettendorf

Objetivos:

Otro método de identificación del arsénico:

Material:

- Gradilla con tubos de ensayo, pipetas y sistema de calentamiento.
- Reactivo de Bettendorf: 1 g $SnCl_2$/100 mL HCl 37%. (composición).

Método:

1. En un tubo de ensayo se sumergen pequeños volúmenes del líquido investigado y de reactivo de Bettendorf en la proporción 1:5.
2. Calentamiento del tubo, con las debidas precauciones, hasta ebullición.
3. Coloca el tubo en la gradilla durante un tiempo y si aparece coloración pardo-negruzca implicará la presencia de arsénico en el líquido investigado.

   Nota: Esta práctica se incluye solo con carácter informativo.

Conclusiones:

Investigación del crimen: Activación de neutrones

Que abran mi cuerpo cuando me muera

Napoleón Bonaparte

Objetivos:

Determinación cualitativa y cuantitativa de arsénico en pelos y uñas.

El documento de defunción de Napoleón I, firmado por el médico corso Francesco Antommarchi, certificaba tras la autopsia que el fallecimiento había sido ocasionado por un cáncer de estómago. Esta información fue recibida con reticencias por el entorno del emperador, que sospechaba que el deceso había sido provocado por ingesta constante en el vino (exclusivo para el emperador) de algún tipo de veneno que posiblemente sería arsénico, el preferido por los franceses para este cometido ya que no se nota en la ingestión, es lento pero efectivo.

Pasados más de 140 años del fallecimiento, El doctor Sten Forshufvud, inició la investigación sobre la causa de la muerte para demostrar el envenenamiento por arsénico, el cual no se podía realizar con los métodos de análisis conocidos. Forshufvud, después de un considerable tiempo de gestiones, consiguió procurarse la suficiente cantidad de cabellos de *Le Petit Caporal* (uno de los apodos más conocidos de Napoleón y que aludía a su supuesta baja estatura, aunque también pudiera tratarse de un apelativo afectuoso de sus soldados), que proporcionó a una universidad escocesa para que fueran sometidos a un nuevo tipo de análisis **(análisis por radiactivación)**.

Material:

- Reactor de uranio.
- Mechones de pelo del emperador, guardados durante tanto tiempo por diversos motivos.

Método:

El arsénico presenta dos peculiaridades especiales:

a. No tiene isótopos.
b. No presenta muestra alguna de radiactividad.

$^{75}_{33}$As   Un átomo de arsénico presenta 33 protones y 42 neutrones en el núcleo y 33 electrones en la corteza.

La estabilidad del núcleo del arsénico se desmorona cuando un neutrón penetra dentro de él, formándose un isótopo As-76 cuyas emisiones radiactivas no son difíciles de detectar, siendo proporcional la cantidad de isótopo de arsénico a la intensidad de la radiación. Al bombardear con neutrones los cabellos –los cuales habían sido depositados en un receptáculo metálico, que fue introducido en un reactor de uranio, donde permaneció un cierto tiempo (varias horas)– comprobándose a continuación que, dadas las cantidades de arsénico detectadas, el emperador había sido asesinado. Este método de detección cuantitativa de sustancias se conoce como **análisis por radiactivación**. Con este procedimiento se puede determinar, además, con bastante aproximación, la fecha de intoxicación.

Nota: el arsénico ingerido por los fallecidos se acumula, sobre todo, en el pelo de las víctimas, donde se hace fuerte y permanece por tiempo indefinido. También se acumula en uñas y piel.

Conclusiones:

1. En una reunión de la Sociedad Napoleoniana Internacional, celebrada en París en la primavera del año 2000, el toxicólogo canadiense Ben Weider presentó los resultados de las recientes investigaciones realizadas en Londres y París, los cuales confirmaron las deducciones a las que, muchos años antes, se había llegado con el análisis por activación de neutrones.

2. Posteriormente (2008), un grupo de científicos italianos utilizando la técnica de activación de neutrones en un reactor nuclear de Pavía analizaron muestras de cabellos de Napoleón y, según sus conclusiones, no pudieron confirmar que el emperador fuera envenenado con arsénico.

3. Hay hipótesis que ponen en duda el envenenamiento por arsénico de Napoleón y debates entre los que afirman y los que niegan el envenenamiento, por lo que la incertidumbre sobre la causa de la muerte de Napoleón continúa.

Farmacia Guinart (Barcelona)

Análisis por activación neutrónica (NAA): Utiliza procesos de reacciones de transmutación nuclear de una muestra del material a investigar, sometida a bombardeos con flujo de neutrones procedentes de un reactor, los cuales se combinan con el núcleo de un átomo para pergeñar un isótopo del mismo elemento energéticamente excitado, que implica la emisión de un fotón de rayo gamma y puede suceder que el átomo relajado emita radiación beta con la consiguiente emisión de energía (gamma).

El **NAA (Análisis de activación por neutrones)** es muy adecuado para determinar los elementos que forman una muestra diminuta y evaluar los porcentajes (cantidades) de los mismos.

Otra ventaja del NAA es que no es destructivo ya que la muestra no experimenta apenas deterioro durante la analítica.

Con esta técnica se puede determinar, con bastante precisión, las fechas de ingestión de un veneno obtenido sobre todo de los cabellos, donde el arsénico se suele acumular preferentemente.

Investigación del crimen: Autopsia

*La justicia, aunque cojeando,
rara vez deja de alcanzar
al criminal en su carrera*

Horacio

Objetivos:

Información teórica resumida sobre la realización de una autopsia.

Autopsia (RAE): examen anatómico de un cadáver.

Autopsia, definición clásica: operación usual que consiste en abrir cadáveres y examinar todos sus órganos para comprobar sus alteraciones orgánicas, ya sea con un objeto científico (**autopsia clínica)** o por orden de un juez **(autopsia judicial)**.

Autopsia, definición actual: exploración (disección y análisis) post mortem de los órganos de un cadáver para averiguar el origen o causa del deceso.

Autopsia virtual (Virtopsia): exploración post mortem de los órganos de un cadáver mediante radiología digital y análisis de imagen. Supone una información complementaria a la autopsia actual.

En las facultades de Medicina se estudia una especialidad que se conoce como Medicina Legal (Forense) que investiga, apoyándose en otras ciencias (Química, Física, Antropología, Odontología, Biología, etc.), las causas del fallecimiento que puede ser violento (autopsia judicial que colabora en el esclarecimiento de los hechos) o bien determinar en el hospital las circunstancias de la muerte (autopsia clínica). La autopsia judicial se realiza en los Institutos Anatómicos Forenses o Institutos de Medicina Legal por médicos forenses mientras que, en tiempos pasados, se efectuaban en depósitos de cadáveres en los cementerios, cuando no había próximo un IAF. Antiguamente estas intervenciones podrían ser practicadas, en según qué ocasiones, por un facultativo forense auxiliado por un colaborador sanitario (ATS o practicante). A continuación, un protocolo simplificado a seguir en la realización de una autopsia.

Autopsia: palabra griega que significa ver por los propios ojos.

Material:

- Material quirúrgico de disección anatómica (bisturís, escalpelos, hisopos, soportes, kits de instrumentos, etc.) Mesas de autopsia, balanza de autopsia para pesar vísceras.
- Tecnologías de reconocimiento, exploración e inspección del cuerpo investigado (laboratorio, rayos X, láser, cámara termográfica para detectar y registrar vestigios de fluidos biológicos, tomografía computarizada forense, RMN –resonancia magnética nuclear– en diagnóstico post mortem, microscopios, fotografías, etc.
- Por normativa de seguridad, se utilizarán gafas protectoras, batas, guantes y demás indumentaria adecuada de protección.

Método:

1. Preparación adecuada del cadáver.
2. Examen externo en presencia de un juez o delegado jurídico:
   Anotar datos externos:
   a. Peso, talla (somatometría) y el resto de medidas del cuerpo (antropometría).
   b. Tipo de cabellos, orejas, dientes, color de ojos, etc., y, si es necesario, acondicionarlos para su posterior estudio.
3. Examen interno:
   a. Corte transversal del cráneo (sierra de autopsia); se separa el pelo de la masa craneal.
   - Se hace una incisión en el cráneo.
   - Se pesa el cerebro.
   - Se cortan nervios ópticos.
   - Se revisan las meninges.

b. Abertura del tórax:
   Antes de abrirlo, dibujar una Y desde los hombros, rodea el ombligo hasta el hueso pubis que indicará la dirección del corte. (Otros diseños de abertura se hacen con una U o con una T).
   La abertura se iniciará observando visualmente pulmón, corazón, hígado y otros órganos del interior que, si es conveniente para la investigación, se pesan.
4. Tomar muestras para someterlas al estudio del microscopio (estado interno del fallecido, bacterias, infecciones, etc.).
5. Proporcionar fluidos y porciones de vísceras (en ciertas ocasiones un órgano entero) para el correspondiente análisis, que informará sobre el estado y contenido cualitativo y cuantitativo de fármacos, tóxicos y cualquier otro tipo de sustancia.
6. En la primera exploración se utiliza, si es necesario, todo el protocolo tecnológico anteriormente citado, que permite recoger información además de la identificación genética. El ADN, desde su primera utilización (Inglaterra, 1986) en los procesos penales, se ha convertido en un aliado de la investigación policial ya que las muestras físicas (piel, sudor, pelos, sangre, saliva, etc.) pueden ofrecer toda la información necesaria para la identificación de un sospechoso o de una víctima.
7. Se estudiarán las lesiones producidas por distintos tipos de armas (de fuego, blancas, etc.). Se investiga la trayectoria, posición y profundidad.
8. Luego viene el estudio de detalles cadavéricos: manchas, bultos, olores, lesiones ocultas, etc.
9. Olores: los fallecidos por absorción de fósforo desprenden el característico olor a fósforo, mientras los ahogados huelen a crustáceos y los envenenados por absorción por vía digestiva de un compuesto de arsénico (As_2O_3) despiden un olor aliáceo (ajo), típico de la volatilización del arsénico.
10. La fauna cadavérica o fauna post mortem (moscas, arañas y otros insectos carroñeros) colaboran en la investigación informando a los forenses sobre el momento del óbito, si hubo variación en la

postura inicial del cadáver y si ha sido desplazado a otra ubicación, ya que la fauna cadavérica varía según el país o región donde se encuentre el cadáver.

11. Conservar adecuada e indefinidamente, muestras suficientes (tejidos, vísceras, etc.) por si fuera necesaria una revisión del proceso y el cadáver hubiese sido incinerado o dado su deterioro, no presentase las condiciones necesarias para ser investigado.

12. El rango del tiempo invertido en la realización de una autopsia oscila entre dos y cuatro horas, aunque según las circunstancias, puede variar por ambos extremos.

Actividades:

Utilizando el material de disección (bandeja, tijeras, pinzas, bisturí, etc.) realizaremos la autopsia de un corazón de cordero, cuya contextura suele ser parecida al corazón humano:

1. Coloca la cara más plana tocando la bandeja y hacia arriba la cara más curvada.

2. Con el escalpelo (bisturí de hoja estrecha y con punta que se usa en disecciones, pedagogía anatómica y autopsias), estiramos la fina capa exterior **pericardio** (saco transparente –doble membrana– que envuelve al corazón; el color blanco implica la existencia de grasa). Toma nota de lo que ves.

3. El corazón actúa de bomba que impulsa la sangre durante la sístole (fase de contracción) de los ventrículos hacia las arterias, conductos que salen del corazón por los cuales circula la sangre oxigenada mientras que las venas son conductos que desplazan la sangre desoxigenada hacia el corazón y desde allí se bombea hacia los pulmones, donde se vuelve a oxigenar y se repite el ciclo.

   Observaremos la forma de oreja de las aurículas (del latín auricularis, oído), de ahí viene su nombre. Anota las observaciones.

4. Orientándonos por la parte superior de la víscera, localizamos los vasos sanguíneos con las pinzas, introduciendo el escalpelo o pinza en la arteria –vaso sanguíneo con masa muscular más gruesa, resistente, blanca, flexible y fácilmente dilatable, mientras que la vena presenta paredes más finas y distensibles– y así llegaremos a la zona inferior del corazón.

5. Hay que tener en cuenta que la parte derecha e izquierda están situadas como si se tratara del cuerpo humano y así, empezando por la derecha y con la tijera cortaremos la arteria hacia abajo para observar mejor el interior del corazón.

6. Observamos que los ligamentos interiores habilitan a las válvulas aurículo-ventriculares (mitral y tricúspide) para que actúen como llaves o interruptores que se abren y cierran, controlando el flujo de la sangre.

   Válvula mitral: comunica la aurícula izquierda con el ventrículo izquierdo.

   Válvula tricúspide (formada por tres laminitas delgadas, *valvas*): une la aurícula derecha con el ventrículo derecho.

   Anota todas las observaciones.

7. Dibuja la estructura del corazón que has diseccionado, especificando los nombres correspondientes y explicando la circulación sanguínea.

Cuestiones:

Un enfermo afectado de una grave cardiopatía fue sometido a una delicada intervención de la que salió aparentemente recuperado aunque, algún tiempo después, el paciente falleció. El deceso fue atribuido a causas naturales, pero posteriormente se comprobó que la causa de la muerte fue un error intencionado de uno de los auxiliares de quirófano que cambió el hilo adecuado de unión de tejidos separados por incisión quirúrgica por otro tipo de hebra al que se le atribuyó la causa del fallecimiento.

Explica el proceso físico-químico responsable del óbito.

Error médico

Se define error médico a la aplicación incorrecta de una prueba diagnóstica o, con mayor frecuencia, de un tratamiento, casi siempre como consecuencia de un diagnóstico total o parciamente equivocado (Clínica Universidad de Navarra).

Michael Jackson murió a consecuencia de la inyección intravenosa de **propofol** (Diprivan, anestésico intravenoso que proporciona una sedación suave y de corta duración) que le administró su médico para mitigar los dolores y molestias que frecuentemente sufría. El propofol se utiliza, además de como anestésico general inyectable, también para el tratamiento de migrañas y otras dolencias. La administración de este fármaco implica formación y solvencia por el profesional sanitario para eludir daños (pérdida de la respiración, descenso de la presión arterial, etc.) incluso con resultado de muerte.

El informe de la autopsia indicó, entre otros detalles, que se habían localizado en el estómago pastillas en pleno proceso de disolución, orificios y huellas de inyecciones para la inoculación de analgésicos en piernas y hombros.

El médico de cabecera responsable de la medicación administrada –dosis errónea del citado medicamento que le ocasionó paro cardiaco– fue condenado por homicidio involuntario.

Si la autopsia nos explica
de qué ha muerto una persona,
debería inventarse la vivopsia que nos
explicará de qué vive mucha gente.

Jaume Perich

Pétrea mesa de autopsias,
cementerio de Sos del Rey Católico,
años 40-50 (Foto: Jesús Marco Learte)

Investigación del crimen: Literatura policíaca

La dosis diferencia un remedio de un veneno

Paracelso

El prestigioso farmacólogo Alfonso Velasco Martín define a la literatura policíaca o criminal como un *género literario de origen anglosajón, que abarca obras narrativas y teatrales en las que se plantea un enigma criminal, resuelto al final por una o más personas que investigan sobre el delito.*

(*Los venenos en la literatura policíaca,* **Alfonso Velasco Martín,** Universidad de Valladolid).

Este tipo de literatura deviene de antiguo: chinos, griegos (Arquímedes...) y después Voltaire divagaron sobre el género hasta que se oficializó con los cuentos de Edgard Allan Poe. Lo que hay que destacar ante todo, en este tipo de literatura, el realismo científico con que los autores resuelven los casos planteados –seguramente por los sólidos conocimientos adquiridos o también por las circunstancias– como sucede con la escritora Agatha Christie, que aprovechó la información adquirida en las farmacias de varios hospitales británicos, donde trabajó durante la Segunda Guerra Mundial, para aplicarlos al planteamiento y resolución de algunas de sus obras. Inspirándonos en una de ellas, *El misterioso caso de Styles,* vamos a estudiarla a continuación, desde el punto de vista informativo, adaptándola a la estructura utilizada en el diseño de las prácticas.

Objetivos:

Estudiar los procesos químicos en las obras literarias sobre el crimen policíaco.

Material:

- Bromuro de potasio.

Método:

Tendremos en cuenta los siguientes datos de la novela:

1. La futura víctima es una persona delicada de salud que toma diariamente una cucharada de un tónico que contiene sulfato de estricnina (aproximadamente un miligramo de estricnina por cucharada).
2. El asesino conocedor de esta circunstancia, se hace con bromuro de potasio, que adquiere un allegado suyo en la farmacia de una localidad cercana para evitar sospechas.
3. Para llevar a cabo el crimen, el homicida introduce cierta cantidad de bromuro de potasio en el frasco que, en ese momento, contiene más de 50 cucharadas de estricnina.

Conclusiones:

La sal de potasio precipita la estricnina que baja al fondo del frasco, de tal manera, que la víctima en la última cucharada ingiere más de 50 mg de estricnina, dosis mortal de necesidad.

Actividades:

Explica el concepto de precipitación química e intenta aplicarla a la novela de la conocida A. Christie (Dama del Imperio Británico) que creó el tipo de literatura denominado **crimen de cámara** donde el criminal es siempre una persona cercana al entorno de la víctima.

Estricnina: Sustancia muy tóxica, cristalina, incolora y sabor extraordinariamente amargo. Se encuentra en las semillas de la *nuez vómica,* procedente de la India de donde llegó a Europa para utilizarse como raticida. En tiempos pasados fue utilizada, en dosis muy pequeñas, en la elaboración de estimulante nervioso muscular.

En la actualidad, la estricnina es mucho más conocida por su poder venenoso que produce minutos después de su ingestión: contracciones, relajación, arqueamiento del cuerpo, *risa sardónica*, (convulsión y contracción de los músculos de la cara en forma de inquietante gesto) y muerte por asfixia.

Laboratorios Hijos del Dr. Andreu S.A. (Barcelona)

- • Alcaloides venenosos: escopolamina, cicutina, estricnina, etc.
  - – A una muestra de orina en un tubo de ensayo, añadimos, lentamente y con las debidas precauciones, 0,4 mL de reactivo de Mandelin y –sujeto por una pinza el tubo a un soporte– sometemos la solución a un baño maría durante dos o tres minutos. La presencia de color violeta indica que hay estricnina en la orina investigada.

Paraninfo de la Universidad de Zaragoza, diciembre de 1919, año de la Tabla Periódica

BIBLIOGRAFÍA

ALESEYEV, V., Quantitative Analysis · Mir Publishers. Moscow.

AMOS, A. J., Manual de industrias de los alimentos. Editorial Acribia.

ARRIBAS, S., Análisis cualitativo de iones inorgánicos. Universidad de Oviedo. Paraninfo.

BABOR, J. A. E IBARZ, J., Química general moderna. Marín, S. A.

BARAN, E. J., Química bioinorgánica. McGraw-Hill

BERNAL, J., Marchas analíticas de semi-micro análisis. Universidad de Zaragoza.

BLOOMFIELD, M. M., Química de los organismos vivos. Limusa.

BURRIEL, F., LUCENA, F., ARRIBAS, S. Y HERNÁNDEZ, J., Química analítica cualitativa. Paraninfo.

GARRIDO-LESTACHE CABRERA, R. Toxicología forense práctica analítica.

LÓPEZ SOLANAS, V., Técnicas de laboratorio. Edunsa.

MATTHEW, E. JOHLL, Química e investigación criminal. Reverté.

NARANJO, CL., Exploraciones psicodélicas. Ediciones La Llave.

ROBINSON, J. K., Química analítica. Contemporánea Pearson Educación.

SMITH, M. V., Psychedelic Chemistry. Ronin Publishing, Inc.

VALLS, O., MORENO, J. L. Y RODRÍGUEZ, L. J., Técnicas instrumentales. Docinfarma, S. A.

VASÍLYEVA, Z., GRANOVSKAYA, A. Y TAPEROVA, A., Laboratory General and Inorganic Chemistry · Mir Publishers. Moscow.

VICTORI, L. Y BARCELÓ, J., Química para docentes · I Q S. Universidad Ramón Llull.

VV.AA. · Manual de prácticas de química. Editorial Enosa.

VV.AA. · ¿Eso es química? Alhambra, S.A.